集人文社科之思　刊专业学术之声

集 刊 名： 中国海洋经济
主　　编： 崔凤祥
副 主 编： 刘　康　王　圣
主办单位： 山东社会科学院

MARINE ECONOMY IN CHINA　NO.17

学术委员会

韩立民　曲金良　潘克厚　狄乾斌

编辑委员会

主　任： 袁红英

副主任： 韩建文　杨金卫　张凤莲

委员（按姓氏笔画排序）：

王　韧　王　波　卢庆华　李广杰
杨金卫　吴　刚　张　文　张凤莲
张念明　张清津　周德禄　袁红英
徐光平　崔凤祥　韩建文

编辑部

主　　任： 崔凤祥

副 主 任： 刘　康　王　圣

责任编辑： 鲁美妍　徐文玉　潘　琳

联系电话： 13864285961

电子邮箱： zghyjjjk@163.com

通信地址： 山东省青岛市市南区金湖路 8 号

第17辑

集刊序列号：PIJ-2016-171

中国集刊网：www.jikan.com.cn/ 中国海洋经济

集刊投约稿平台：www.iedol.cn

山东社会科学院　主办　　·2016年创刊·

中国海洋经济

MARINE ECONOMY IN CHINA

第17辑

主编　崔凤祥

副主编　刘康　王圣

社会科学文献出版社
SOCIAL SCIENCES ACADEMIC PRESS (CHINA)

集刊 中国海洋经济

（第17辑）
2025年7月出版

中国海洋经济圈海洋经济韧性的时空演化与影响机理*

张宏远　张思琦　朱国军**

摘　要　本文运用熵值法、核密度估计法和地理探测器，研究2010~2022年中国三大海洋经济圈海洋经济韧性的时空演化特征及影响机理。结果表明：2010~2022年，中国海洋经济韧性水平呈现波动上升趋势，南部海洋经济圈和东部海洋经济圈的海洋经济韧性指数明显高于全国均值，而北部海洋经济圈的海洋经济韧性指数低于全国均值；三大海洋经济圈各省（区、市）的韧性等级变化不大，呈现韧性等级总体攀升的空间演化特征；影响各海洋经济圈海洋经济韧性的主导交互因子各不相同，北部海洋经济圈的主导交互因子是水产品总量和涉海就业人员增长率，东部海洋经济圈的主导交互因子是涉海就业人员增长率和沿海港口国际集装箱吞吐量，南部海洋经济圈的主导交互因子是海洋产业高级化指数和海洋科研专利授权数。

关键词　海洋经济　经济韧性　时空演化　经济圈

---

* 本文是国家社会科学基金一般项目（22BJY036）、江苏高校哲学社会科学研究重大项目（2021SJZDA023）、江苏省科技计划专项资金（创新支撑计划软科学研究）项目（BR2023016-6）、连云港市第六期“521工程”科研资助项目（LYG06521202391）、江苏海洋大学研究生科研与实践创新计划项目（KYCX2023-19）的阶段性研究成果。

** 张宏远，博士，江苏海洋大学商学院副教授，硕士生导师，主要研究方向为区域创新与海洋经济；张思琦，江苏海洋大学硕士研究生，主要研究方向为区域创新与海洋经济（通讯作者）；朱国军，江苏海洋大学副校长，研究员，博士，主要研究方向为数字经济与智能制造。

引　言

海洋作为高质量发展的关键战略区域，扮演着区域间联系的桥梁角色，也是孕育新产业、培育新动能和引领经济新增长的核心载体。党的二十大报告提出“发展海洋经济，保护海洋生态环境，加快建设海洋强国”。中国作为拥有广阔海域的海洋大国，海洋经济的发展尤为关键。2023 年，中国海洋生产总值达到 99097 亿元，同比增长 6.0%，增速比国内生产总值高 0.8 个百分点。[①] 在全球化背景下，国际海洋竞争日益激烈，海洋经济发展面临诸多挑战。特别是在当前存在全球气候变化、海洋生态环境恶化、中美贸易摩擦等问题的背景下，海洋经济系统更易受到外部环境的冲击。因此，对海洋经济韧性的研究变得越发重要。

经济韧性的概念最早源于物理学中的“韧性”，即物体在受到压力后恢复其原始形状或功能的能力。随后，这一概念被引入生态学领域，用来描述生态系统从自然灾害等破坏中复原，重新实现稳定与平衡的恢复力。在 20 世纪末至 21 世纪初，经济学家 Fujita 和 Thisse 是将“韧性”概念从社会生态学明确引入经济学的关键人物。他们依据生态韧性的定义，将这种受干扰后恢复稳态的内生能力用于解释经济活动的内在机制，由此区域经济韧性成为学界的研究热点。[②] 国内外学者对区域经济韧性的研究可分为两个阶段。第一阶段是区域经济韧性的形成和起步阶段，大多数学者主要对区域经济韧性的概念进行内涵界定。Alberti 和 Marzluff 将区域经济韧性定义为一种能力，即在面对错综复杂的经济环境和不断变化的市场需求时，区域经济能够维持其运作的稳定性与效

① 《2023 年海洋生产总值增长 6%》，自然资源部网站，https://www.mnr.gov.cn/dt/ywbb/202403/t20240320_2840072.html，最后访问日期：2025 年 3 月 5 日。

② M. Fujita, J. F. Thisse, “Economics of Agglomeration,” *Journal of the Japanese and International Economies* 10 (1996): 339-378.

率，并且在面对内外挑战时，能够持续提供稳定的福利水平和可持续发展的能力。[①] Hill 等在研究中将区域经济韧性定义为地区成功从冲击中恢复并摆脱原有或潜在增长路径的能力。[②] 第二阶段是探索研究阶段。这一阶段，学者对区域经济韧性有更加细致的定义和测量维度。Simmie 和 Martin 在区域经济韧性的研究中提出较为完整的四维度定义，包括抵御冲击、吸收冲击的能力，恢复能力，稳健性，以及重新定位的能力。他们强调了区域经济韧性是一个包含多个维度的综合能力，既关注短期恢复也重视长期发展。[③] 在当前学术界的研究中，多数学者将焦点集中在对陆地层面经济韧性的深入探讨上，这一现象背后的原因可能是陆地资源丰富、地理位置相对稳定。随着海洋经济在经济发展中的地位越来越重要，学者开始将对陆域经济韧性的研究转向对区域海洋经济韧性的研究。孙才志等在研究环渤海海洋经济系统中首次提出海洋经济系统脆弱性的概念，并通过韦伯-费希纳定律，构建海洋经济系统脆弱性的指标体系。[④] 王泽宇和王焱熙通过构建涵盖抵御能力、恢复潜力、重构效能及创新更新能力等多维度的综合指标体系，深入探索中国沿海各城市海洋经济韧性在时间与空间维度的演变差异，以揭示其动态变化特征。[⑤] 赵良仕等通过测算过去 15 年中国 11 个沿海地区海洋经济韧性与海洋经济效率的水平，得出二者呈现正相关关系。[⑥] 宋磊等以中国沿海 11 个省（区、市）为研究对象，采用突变级数法分析海洋经济韧性的

① M. Alberti, M. J. Marzluff, "Ecological Resilience in Urban Ecosystems: Linking Urban Patterns to Human and Ecological Functions," *Urban Ecosystems* 7 (2004): 241-265.

② E. Hill, H. Wial, H. Wolman, *Exploring Regional Economic Resilience* (UC Berkeley: Institute of Urban and Regional Development, 2008), pp. 1-12.

③ J. Simmie, R. Martin, "The Economic Resilience of Regions: Towards an Evolutionary Approach," *Cambridge Journal of Regions, Economy and Society* 3 (2010): 27-43.

④ 孙才志、曹强、王泽宇：《环渤海地区海洋经济系统脆弱性评价》，《经济地理》2019 年第 5 期。

⑤ 王泽宇、王焱熙：《中国海洋经济弹性的时空分异与影响因素分析》，《经济地理》2019 年第 2 期。

⑥ 赵良仕、胡润、孙才志：《中国海洋经济韧性与海洋经济效率协调关系研究》，《海洋经济》2021 年第 1 期。

时空演化特点，并进一步分析其影响因素。[①]

自“十四五”规划纲要引入三大海洋经济圈的理念以来，中国海洋经济的发展区域被明确划分为北部、东部与南部三大海洋经济圈。这一战略布局体现了对海洋经济区域化发展的高度重视与精细规划。当前对海洋经济韧性的研究更偏重整体化研究，而三大海洋经济圈各自具有得天独厚的地理优势和丰富的海洋资源，其各自的海洋经济韧性也表现为不同的水平特征。此外，由于三大海洋经济圈处于重要的地理位置，研究该区域海洋经济韧性的时空演化与影响机理显得尤为重要，目前大多数学者主要研究的是影响海洋经济韧性的障碍因素，很少有包括时空演化特征的分析和驱动因素的作用机理研究。基于此，本文在构建海洋经济韧性指标体系的基础上，分析三大海洋经济圈海洋经济的时空演化特征，并运用地理探测器进一步挖掘其影响机理，旨在更好地把握影响海洋经济韧性的驱动因素，从而为推动中国沿海各省（区、市）海洋经济建设提供理论依据。

一　研究设计与数据采集

本文旨在通过构建一套综合评估体系，深入剖析中国三大海洋经济圈的海洋经济韧性。本部分主要围绕研究方法选择、数据来源与指标体系构建展开，力求全面而精准地刻画各海洋经济圈在面对内外部冲击时的韧性水平。

（一）研究方法

1. 熵值法

熵值法（熵权法）是一种基于信息熵的客观赋权法，它是利用信

① 宋磊、赵明睿、唐云清：《中国沿海地区海洋经济韧性时空分异及影响因素分析》，《辽宁师范大学学报》（自然科学版）2022年第3期。

息熵来衡量各指标之间的相对变化度对整个系统的影响，从而通过计算指标的信息熵来确定指标的权重。其主要的计算步骤如下。

（1）对基础数据进行归一化处理：

$$\text{正向指标}: X'_{ij} = \frac{X_{ij} - \min\{X_{1j}, X_{2j}, \cdots, X_{mj}\}}{\max\{X_{1j}, X_{2j}, \cdots, X_{mj}\} - \min\{X_{1j}, X_{2j}, \cdots, X_{mj}\}} \tag{1}$$

$$\text{负向指标}: X'_{ij} = \frac{\max\{X_{1j}, X_{2j}, \cdots, X_{mj}\} - X_{ij}}{\max\{X_{1j}, X_{2j}, \cdots, X_{mj}\} - \min\{X_{1j}, X_{2j}, \cdots, X_{mj}\}} \tag{2}$$

其中，X_{ij} 是第 i 个样本的第 j 项指标，X'_{ij} 为标准值，$i = 1, 2, \cdots, m$；$j = 1, 2, \cdots, n$。

（2）计算第 j 项指标对第 i 个样本的贡献度：

$$\gamma_{ij} = \frac{X'_{ij}}{\sum_{i=1}^{m} X'_{ij}} \tag{3}$$

（3）计算第 j 项指标的熵值：

$$p_j = -k \sum_{i=1}^{m} \gamma_{ij} \ln(\gamma_{ij}), \quad k = 1/\ln m \tag{4}$$

（4）计算第 j 项指标的信息效用价值：

$$e_j = 1 - p_j \tag{5}$$

（5）计算各项指标权重：

$$w_j = \frac{e_j}{\sum_{j=1}^{n} e_j} \tag{6}$$

（6）计算综合得分：

$$s_j = \sum_{j=1}^{n} w_j X'_{ij} \tag{7}$$

2. 核密度估计法

核密度估计法（Kernel Density Estimation，KDE）是一种在概率论中用于估计未知密度函数的非参数统计方法。这种方法不对数据分布形式做任何假设，具有很强的适应性和灵活性。因此，该方法能够有效凸显区域间海洋经济韧性的确定性差异及其随时间的动态演变特征。① 假设 $f(x)$ 为区域海洋经济韧性综合指数 x 的概率密度函数，则：

$$K(x) = \frac{1}{\sqrt{2\pi}}\exp\left(-\frac{x^2}{2}\right) \tag{8}$$

$$f(x) = \frac{1}{Nh}\sum_{i=1}^{N} K\left(\frac{X_i - x}{h}\right) \tag{9}$$

其中，N 为观察值的个数；X_i 代表独立同分布的观测值；x 表示观测值的均值；$K(x)$ 为核密度函数；h 为带宽，带宽越小，估计的精准度越高。本文选用高斯核函数（Gaussian Kernel），对中国沿海 11 个省（区、市）海洋经济韧性综合指数进行核密度估计，选取 2010~2022 年为考察期，并以 4 年为间隔进行分析。

3. 地理探测器

地理探测器是一种功能强大、应用广泛的空间分析工具。它通过探测自变量和因变量之间的空间关联性，为揭示研究现象背后的驱动因子提供了有力支持。该方法既可以分析单个因子对海洋经济韧性的影响，也可以分析两个因子的交互作用对海洋经济韧性的影响。同时，地理探测器对多个自变量的共线性免疫，即使不同因子之间存在高度相关性，也不会影响探测结果。② 其具体的表达式为：

$$q = 1 - \frac{1}{n\sigma^2}\sum_{i=1}^{L} n_i\sigma_i^2 \tag{10}$$

其中，q 表示探测因子对海洋经济韧性在 11 个沿海省（区、市）的空间分异解释程度，取值范围是［0，1］。q 值趋近 1，是因变量空间异质性增强的信号，意味着自变量对因变量的影响模型具有较高的解释

① 仇荣山、殷伟、韩立民：《中国区域海洋经济高质量发展水平评价与类型区划分》，《统计与决策》2023 年第 1 期。

② 王劲峰、徐成东：《地理探测器：原理与展望》，《地理学报》2017 年第 1 期。

精度；而 q 值趋离 1，则可能暗示模型在解释因变量空间变化方面存在局限，自变量对因变量的解释力度相对较小。由此可以通过比较各因子的 q 值大小，判断影响区域海洋经济韧性水平的主要因素。n 为研究区域的总样本数，σ^2 为全区总离散方差，L 为分区样本数，n_i、σ_i^2 分别为区域 i 的样本数和离散方差。

（二）数据来源

中国海洋经济版图可划分为三大核心海洋经济圈：北部海洋经济圈、东部海洋经济圈与南部海洋经济圈。具体而言，北部海洋经济圈涵盖辽宁省、天津市、河北省及山东省；东部海洋经济圈包括江苏省、上海市与浙江省；南部海洋经济圈则由福建省、广东省、广西壮族自治区和海南省组成。本文以中国三大海洋经济圈的 11 个沿海省（区、市）为研究地域单元，原始数据主要来自各年《中国海洋经济统计年鉴》《中国海洋生态环境状况公报》《中国统计年鉴》《中国城市统计年鉴》，以及各省（区、市）统计年鉴、海洋经济统计公报和发展报告等，其中个别的缺失数据采用线性插值法进行填补。

（三）指标体系

基于对区域经济韧性概念内涵的理解，本文构建包括脆弱性、抵抗性、鲁棒性和恢复性四个维度的评价指标体系①，同时考虑到指标的可操作性、有效性和数据可获得性等因素，参考各省（区、市）“十四五”海洋经济发展主要指标、《中华人民共和国海洋行业标准——海洋经济指标体系》（HY/T 160—2013）以及“海洋经济发展指数”的公开指标体系，构建包含 8 个一级指标、21 个二级指标的区域海洋经济韧性综合评价指标体系（见表 1）。

---

① 汪永生：《中国海洋经济韧性发展的空间网络结构研究》，《地域研究与开发》2023 年第 3 期。

表1 区域海洋经济韧性综合评价指标体系

维度	一级指标	二级指标	属性	权重
脆弱性	生态环境	X1：城市污水排放量	负	0.005
		X2：海洋自然保护区面积	正	0.224
		X3：海滨观测站台数	正	0.053
	资源利用	X4：水产品总量	正	0.039
		X5：人均水资源量	正	0.061
抵抗性	经济水平	X6：海洋生产总值（GOP）	正	0.037
		X7：GOP 占地区生产总值的比重	正	0.030
		X8：海洋货物运输量	正	0.052
	产业规模	X9：海洋产业增加值	正	0.038
		X10：海洋产业高级化指数	正	0.051
鲁棒性	政府管理	X11：财政自给率	正	0.014
		X12：海域使用金征收额	正	0.053
		X13：数字普惠金融指数	正	0.007
	社会民生	X14：沿海地区城镇人均可支配收入	正	0.022
		X15：涉海就业人员增长率	正	0.017
		X16：医疗卫生机构数	正	0.044
恢复性	创新驱动	X17：海洋科研机构人员数	正	0.034
		X18：海洋科研专利授权数	正	0.069
		X19：海洋专业研究生毕业人数	正	0.048
	开放程度	X20：货物进出口总额	正	0.056
		X21：沿海港口国际集装箱吞吐量	正	0.048

脆弱性指海洋经济系统对外部冲击或内部扰动的敏感性和易受损害的程度。[①] 保护和恢复海洋生态环境的健康，同时实现海洋资源的可持续利用，能够有效地降低海洋生态系统的脆弱性。本文选取城市污水排放量、海洋自然保护区面积、海滨观测站台数表征生态环境。通过监测

① S. V. Larramendi, "Relations Between the Economy, Co-adapt-ability and Resilience of Marine Ecosystems," *Revista Galega de Economia* 2 (2011): 177-200.

城市污水排放量，可以评估人类活动对海洋生态环境的压力，分析其对海洋经济可能产生的负面影响；海洋自然保护区的设立有助于维护海洋生态系统的稳定和平衡，有效减缓生物多样性的丧失速度；海滨观测站台是海洋生态环境监测的重要组成部分，能直接反映海洋生态环境监测的能力和水平。本文选取水产品总量、人均水资源量表征资源利用情况。水产品总量的波动能够反映渔业资源的可持续利用状况，可以直观地了解海洋资源的开发利用程度；人均水资源量的变化能够反映水资源管理的有效性，影响海洋整体资源利用效率。

抵抗性指海洋经济系统在遭遇外部冲击时所展现的抵御这些冲击并维持其系统结构与功能相对稳定的能力。经济水平和产业规模可以宏观地体现一个地区的经济系统抵御内外部干扰的能力。[①] 本文选取海洋生产总值（GOP）、GOP 占地区生产总值的比重、海洋货物运输量表征经济水平。一个具有较高 GOP 的地区，往往拥有更为丰富的海洋资源和更为完善的海洋产业体系，因此在面临外部冲击时，能够展现出更强的韧性；当海洋经济成为地区经济的重要组成部分时，该地区的经济体系将更加稳健，能够更好地抵抗单一产业或市场波动带来的风险；海洋货物运输量是衡量海洋经济活跃度的重要指标之一，其稳定增长有助于保障地区供应链的稳定性。本文选取海洋产业增加值、海洋产业高级化指数（海洋第三产业产值与第二产业产值之比）表征产业规模。[②] 一个具有较大海洋产业增加值的地区，往往意味着其拥有更为完善的海洋产业链条，在面对外部冲击时，能够展现出更强的抵抗能力；高级化的海洋产业结构，能够更好地适应市场变化，降低对单一产业的依赖程度，从而在面对外部冲击时展现出更强的适应性和抵抗能力。

鲁棒性描述的是海洋经济系统在面对冲击时，能够保持其核心功能

---

① 刘晓星、张旭、李守伟：《中国宏观经济韧性测度——基于系统性风险的视角》，《中国社会科学》2021 年第 1 期。

② 曾冰：《区域经济韧性内涵辨析与指标体系构建》，《区域金融研究》2020 年第 7 期。

和基本结构稳定的能力。当一个地区的经济受到冲击时，政府作为宏观经济政策的制定者和管理者，其提供的服务对于社会民生尤为重要，因为它直接影响该地区核心功能和基本结构的稳定性。[①] 本文选取财政自给率、海域使用金征收额、数字普惠金融指数表征政府管理。财政自给率指财政收入与财政支出的比值，比值越高说明在面对海洋经济领域的挑战时，政府能够动用越多的财政储备组织建设，从而保障海洋经济的稳定运行；海域使用金征收额反映了政府对海域资源管理的严格程度，较高的海域使用金征收额有助于减少非法捕捞、污染排放等破坏海洋生态的行为，稳定海洋生态系统的核心功能；政府通过实施数字普惠金融政策可以更加精准地了解海洋企业的融资需求和发展状况，制定更加有针对性的政策措施，提升海洋经济的稳定性。本文选取沿海地区城镇人均可支配收入、涉海就业人员增长率、医疗卫生机构数表征社会民生。沿海地区城镇人均可支配收入直接反映了该地区居民的经济实力和生活水平，是衡量社会民生状况的重要指标之一；涉海就业人员增长率较高的地区意味着海洋经济在创造就业机会、吸纳劳动力方面具有较强的能力，这有助于增强地区海洋经济的稳定性；由于海洋活动的特殊性和风险性，沿海居民对医疗卫生服务的需求更为迫切，较多的医疗卫生机构能提高其生活质量，增强其幸福感。[②]

恢复性指海洋经济系统在冲击发生后，通过自我调整和外部支持等手段，恢复到原有状态或达到新的稳定状态的能力。创新驱动和开放程度在海洋经济中发挥着重要作用，通过加强科技创新、国际合作与交流，可以不断提升海洋产业的竞争力和抗风险能力，使海洋经济系统在受到冲击后能够更加迅速地恢复到稳定状态。[③] 本文选取海洋科研机构

① Zhu W. C., Li B., Han Z. L., "Synergistic Analysis of the Resilience and Efficiency of China's Marine Economy and the Role of Resilience Policy," *Marine Policy* 132 (2021): 104703.

② 彭荣熙、刘涛、曹广忠：《中国东部沿海地区城市经济韧性的空间差异及其产业结构解释》，《地理研究》2021 年第 6 期。

③ 李连刚、张平宇、谭俊涛等：《韧性概念演变与区域经济韧性研究进展》，《人文地理》2019 年第 2 期。

人员数、海洋科研专利授权数、海洋专业研究生毕业人数表征创新驱动。海洋科研机构人员是海洋科技创新的主体，在海洋经济遭受冲击时，强大的科研团队能够迅速响应，开展有针对性的研究，为海洋经济的恢复提供科技支撑；海洋科研专利数量的增加意味着海洋科技创新活动的活跃和成果的丰富，为海洋经济的发展注入新的动力；海洋专业研究生毕业人数反映海洋科技人才培养的质量和规模，这些高层次人才可以发挥引领作用，推动海洋科技研发向更高层次、更广领域发展。[①] 本文选取货物进出口总额、沿海港口国际集装箱吞吐量表征开放程度。货物进出口总额直观地展示了海洋经济与国际市场的紧密联系。当海洋经济遭受冲击时，若货物进出口总额能够迅速恢复或保持增长，说明该经济体具有较强的国际竞争力。港口是海洋经济发展的重要节点和枢纽，其国际集装箱吞吐量的变化直接反映了港口在国际航运市场中的地位和影响力。

二　中国三大海洋经济圈海洋经济韧性时空演化与影响机理分析

基于表 1 的区域海洋经济韧性综合评价指标体系和上述研究方法，本文以中国及其三大海洋经济圈为视角，测算出 2010～2022 年中国沿海 11 个省（区、市）海洋经济韧性综合发展指数，该指数越高，说明该省（区、市）海洋经济韧性水平越高。[②] 样本统计时间至 2022 年是因为，2023 年《中国海洋经济统计年鉴》没有更新，无法获取关于海洋经济的具体数据。具体测算结果如表 2 所示。

---

① 程曼曼、陈伟、杨蕊：《我国海洋经济高质量发展指标体系构建及时空分析——基于海洋强国战略背景》，《资源开发与市场》2022 年第 1 期。

② 姜慧慧、温艳萍：《我国海洋经济韧性的时空演变特征及障碍诊断》，《中国渔业经济》2022 年第 5 期。

表 2　区域海洋经济韧性综合发展指数

区域	省（区、市）	2010 年	2011 年	2012 年	2013 年	2014 年	2015 年	2016 年	2017 年	2018 年	2019 年	2020 年	2021 年	2022 年	均值
北部海洋经济圈	辽宁	0. 310	0. 311	0. 332	0. 348	0. 347	0. 380	0. 322	0. 311	0. 299	0. 303	0. 294	0. 356	0. 423	0. 334
	河北	0. 166	0. 176	0. 176	0. 166	0. 173	0. 174	0. 175	0. 184	0. 202	0. 202	0. 212	0. 273	0. 323	0. 200
	天津	0. 225	0. 222	0. 219	0. 224	0. 237	0. 231	0. 202	0. 211	0. 215	0. 242	0. 223	0. 283	0. 339	0. 236
	山东	0. 428	0. 451	0. 462	0. 497	0. 522	0. 531	0. 532	0. 530	0. 570	0. 569	0. 618	0. 706	0. 835	0. 558
	均值	0. 282	0. 290	0. 297	0. 309	0. 320	0. 329	0. 308	0. 309	0. 322	0. 329	0. 337	0. 404	0. 480	0. 332
东部海洋经济圈	江苏	0. 298	0. 321	0. 320	0. 331	0. 344	0. 373	0. 336	0. 405	0. 361	0. 360	0. 389	0. 453	0. 522	0. 370
	上海	0. 368	0. 394	0. 393	0. 412	0. 434	0. 449	0. 403	0. 422	0. 443	0. 460	0. 506	0. 565	0. 646	0. 453
	浙江	0. 362	0. 361	0. 397	0. 406	0. 428	0. 442	0. 444	0. 460	0. 509	0. 535	0. 539	0. 610	0. 693	0. 476
	均值	0. 343	0. 359	0. 370	0. 383	0. 402	0. 421	0. 394	0. 429	0. 438	0. 452	0. 478	0. 543	0. 620	0. 433
南部海洋经济圈	福建	0. 369	0. 323	0. 365	0. 370	0. 395	0. 620	0. 476	0. 434	0. 443	0. 488	0. 439	0. 502	0. 560	0. 445
	广东	0. 523	0. 981	0. 585	0. 614	0. 632	0. 692	0. 709	0. 756	0. 808	0. 864	0. 934	0. 876	0. 970	0. 765
	广西	0. 198	0. 187	0. 216	0. 216	0. 229	0. 249	0. 225	0. 258	0. 224	0. 242	0. 258	0. 259	0. 269	0. 233
	海南	0. 395	0. 283	0. 244	0. 292	0. 263	0. 228	0. 290	0. 269	0. 283	0. 298	0. 304	0. 389	0. 484	0. 309
	均值	0. 371	0. 444	0. 352	0. 373	0. 380	0. 447	0. 425	0. 429	0. 439	0. 473	0. 484	0. 506	0. 571	0. 438
全国均值		0. 331	0. 365	0. 337	0. 352	0. 364	0. 397	0. 374	0. 385	0. 396	0. 415	0. 429	0. 479	0. 551	0. 398

（一）时间演变分析

为探究中国三大海洋经济圈海洋经济韧性的时间演变特征，根据区域海洋经济韧性综合发展指数（见表 2），本部分绘制了区域海洋经济韧性综合发展指数走势图（见图 1）。总体来看，2010~2022 年，中国海洋经济韧性水平呈现波动上升趋势，三大海洋经济圈的韧性指数也和全国保持基本相同的上升态势。具体来说，2010~2011 年中国沿海各省（区、市）海洋经济韧性指数平稳上升，2011~2012 年南部海洋经济圈和全国韧性指数出现小幅下滑，而北部海洋经济圈和东部海洋经济圈稳步上升。各地区 2012~2015 年韧性指数保持上升态势，2015~2016 年出现小幅下降，2016~2022 年又开始稳定上升。2015~2016 年中国各地区韧性指数下降，可能归因于“十二五”规划周期结束的影响，此时处于收尾之际，可能带来一系列经济、政策或环境上的变化。2016 年是“十三五”规划的起始之年，国内可能在 2016 年之后进行了一些与海洋经济相关的政策调整，如海洋产业结构调整和转型升级，这些调整在初期可能对海洋经济产生了一定的冲击，导致其韧性指数的下降。[①] 在对比不同地区的海洋经济韧性表现时，南部与东部海洋经济圈展现出超越全国平均水平的显著韧性指数，而相比之下，北部海洋经济圈的韧性指数则未能达到全国平均水平，处于相对较低的水平。随着海洋强国战略的推进，中国海洋经济韧性水平不断提升。其中，东部和南部海洋经济圈在全国海洋经济韧性水平中处于引领地位。从具体省（区、市）来看（见表 2），各省（区、市）的海洋经济韧性指数呈现波动上升的特征。从均值的角度来看，广东和山东的韧性水平最高，居前两位，其中广东的海洋经济韧性指数在观测期内始终稳居首位；紧随其后的是浙江、上海、福建、江苏及辽宁，这些地区的海洋经济韧性处于中等水

① 金纪岚、全永波、屈苗苗：《中国海洋渔业高质量发展水平测度及时空演化研究》，《海洋通报》2024 年第 6 期。

平；而海南、天津、广西及河北的海洋经济韧性长期徘徊在较低水平，尤其是河北，其韧性指数在历年统计中多次垫底，显示出其相对薄弱的海洋经济韧性基础。

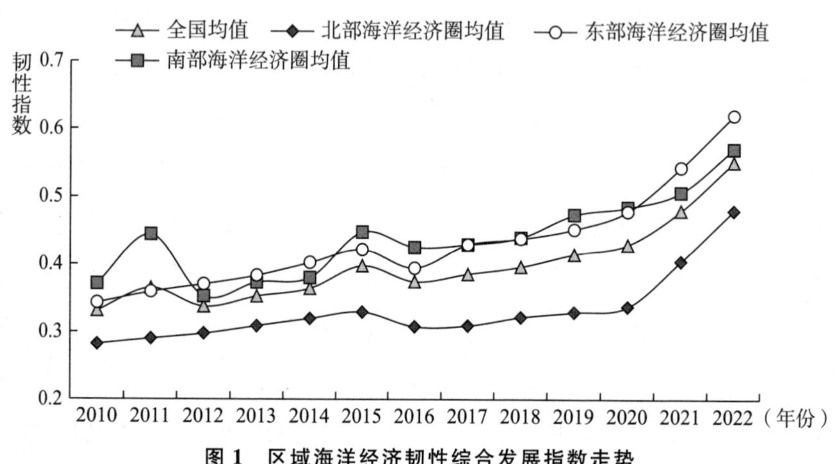

图1　区域海洋经济韧性综合发展指数走势

（二）空间演变分析

为进一步探究中国三大海洋经济圈海洋经济韧性的空间演变特征，本部分根据区域海洋经济韧性综合发展指数（见表2），选取2010年、2014年、2018年和2022年作为观察期，每四年为一个阶段，选取中国及其三大海洋经济圈的海洋经济韧性综合发展指数，利用Stata 17绘制与之相应的核密度图（见图2）。

由图2可知，观测期内中国及其三大海洋经济圈的海洋经济韧性指数核密度曲线整体向右偏移，这说明中国海洋经济韧性水平整体呈现上升态势，这与上文所分析的结果保持一致。具体来看，图2（a）中，从全国角度来看，核密度曲线呈现向右偏移趋势，且核密度曲线呈现由尖峰向宽峰变化的趋势，即由“尖而窄”变为“扁而平”，主峰峰值逐年下降，这说明全国各省（区、市）海洋经济韧性整体呈现非集中的分布趋势。图2（b）中，核密度曲线呈现向右偏移的趋势，2010年核密度曲线呈单峰分布，2014 年呈现多峰分布，2018 年和 2022 年又呈现单峰分布，这说明在研究期间内北部海洋经济圈的海洋经济韧性水平初期表现出较为分散的特点，但随着时间的推移，逐渐趋向于集中并展现出一种均衡分布的新态势。图 2（c）中，核密度曲线呈现明显向右偏移趋势，主峰峰值不断下降，宽度不断变宽，说明研究期内东部海洋经济圈海洋经济韧性水平的绝对差异正在逐渐扩大，但总体韧性水平不断提高。图 2（d）中，核密度曲线向右偏移，且存在多个主峰，曲线峰值呈下降趋势，说明研究期内南部海洋经济圈存在区域极化现象，该地区海洋经济韧性水平呈现分化趋势。

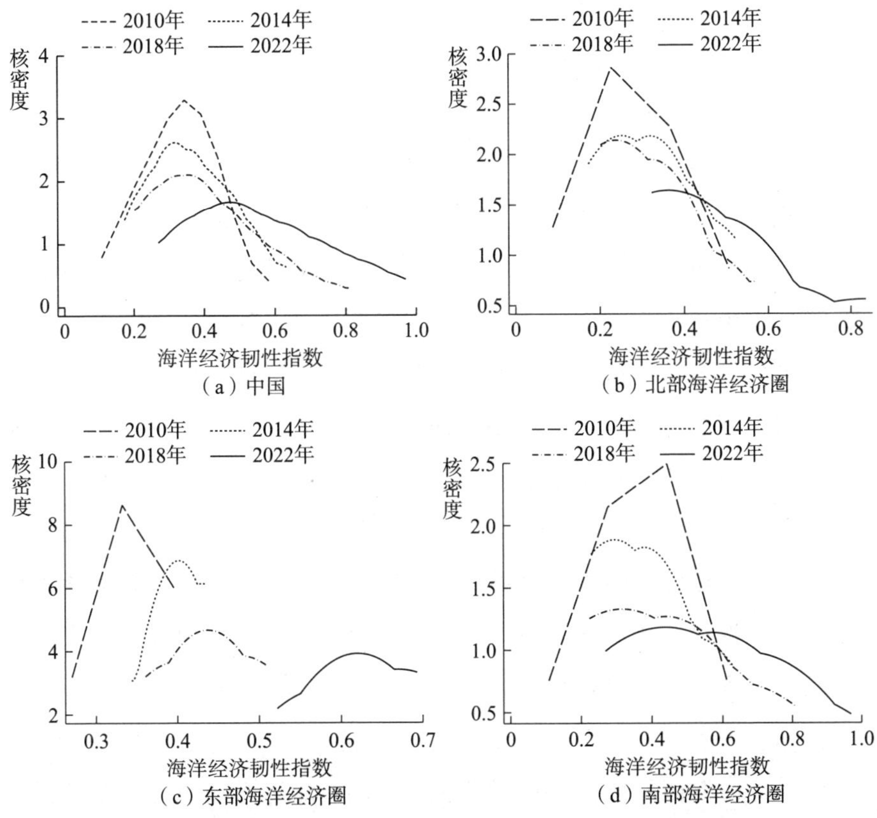

图 2　中国及其三大海洋经济圈海洋经济韧性指数核密度分布

为了更加直观地观察三大海洋经济圈海洋经济韧性水平的空间区域差异，基于区域海洋经济韧性综合发展指数（见表2），通过自然断裂点分类法，将海洋经济韧性划分为三个等级——低度、中度和高度韧性，以反映其不同的韧性强度。这种分类方法完全依赖于数据本身的特性，有效避免了人为因素对分类结果的干扰，确保了分类结果的客观性和可靠性。[①] 同时，本文以2010年为起点，每四年为一个观察窗口，运用ArcGIS 10.8地图绘制软件，生成并展示了中国三大海洋经济圈中沿海各省（区、市）海洋经济韧性水平的空间动态变化。

从整体来看，三大海洋经济圈各省（区、市）的韧性等级变化不大，总体呈现韧性等级攀升的空间演化特征。具体来看，2010年沿海各省（区、市）的低度韧性地区有3个，即河北、天津、广西；中度韧性地区有6个，即辽宁、江苏、上海、浙江、福建、海南；高度韧性地区有2个，即山东、广东。到2014年，相较于2010年的变化不大，唯一变化的是海南从中度韧性地区变为低度韧性地区。2018年，个别地区的韧性等级变化明显，辽宁、江苏由中度韧性地区变为低度韧性地区，而山东则从高度韧性地区变为中度韧性地区。2018~2022年，高度韧性地区由广东1省扩展至山东、广东2省；中度韧性地区由山东、浙江、上海、福建4省（市）扩展至江苏、上海、浙江、福建、海南5省（市）；低度韧性地区由辽宁、河北、天津、江苏、广西、海南6省（区、市）缩减至辽宁、天津、河北、广西4省（区、市）。

在北部海洋经济圈中，海洋经济韧性水平形成了以山东居主导地位的空间分布格局，该海洋经济圈的韧性差距较大，区域间海洋经济协调发展较为困难。在东部海洋经济圈中，各省（市）呈现连片式发展格局，江苏、上海、浙江3省（市）海洋经济韧性整体处于中度韧性等级，海洋经济发展一体化进程不断加快，地区间海洋经济协同发展更为

① 谭俊涛、赵宏波、刘文新等：《中国区域经济韧性特征与影响因素分析》，《地理科学》2020年第2期。

便捷。南部海洋经济圈类似于北部海洋经济圈，形成了以广东居主导地位的空间分布格局，并且广东是中国海洋经济韧性指数最高的省份，而广西和海南多年属于低度韧性地区，由此可见该海洋经济圈的区域海洋经济协同发展也是较为困难的。

（三）影响机理分析

在本文所设计的区域海洋经济韧性综合评价指标体系基础上，本部分选取各一级指标中具有代表性的二级指标作为探测因子，运用地理探测器深入剖析区域内外部各种因素对海洋经济韧性的影响程度，并识别出起到交互作用的关键因子，以更全面地了解这些因子如何共同作用于海洋经济韧性。[①] 具体结果如表 3 所示。

表 3　海洋经济韧性影响因素的探测结果

探测因子	北部海洋经济圈	东部海洋经济圈	南部海洋经济圈	中国
海洋自然保护区面积（*MR*）	0. 667	0. 016	0. 373	0. 195
水产品总量（*AP*）	0. 667	0. 098	0. 673	0. 564
GOP 占地区生产总值的比重（*OD*）	0. 676	0. 098	0. 145	0. 467
海洋产业高级化指数（*MI*）	0. 174	0. 971	0. 133	0. 136
海域使用金征收额（*MS*）	0. 667	0. 442	0. 861	0. 441
涉海就业人员增长率（*RM*）	0. 334	0. 959	0. 037	0. 160
海洋科研专利授权数（*MP*）	0. 667	0. 099	0. 860	0. 651
沿海港口国际集装箱吞吐量（*CT*）	0. 299	0. 959	0. 886	0. 532
主导交互因子	$AP\cap RM$	$RM\cap CT$	$MI\cap MP$	$AP\cap CT$
主导交互因子 q 值	0. 757	0. 973	0. 896	0. 895

注：$AP\cap RM$ 表示水产品总量与涉海就业人员增长率的交互因子，$RM\cap CT$ 表示涉海就业人员增长率与沿海港口国际集装箱吞吐量的交互因子，$MI\cap MP$ 表示海洋产业高级化指数与海洋科研专利授权数的交互因子，$AP\cap CT$ 表示水产品总量与沿海港口国际集装箱吞吐量的交互因子。

① 张若琰、刘卫东、宋周莺：《基于地理探测器的中国国家级开发区时空演化过程及其驱动力研究》，《自然资源学报》2021 年第 10 期。

第一，就单个因子而言，北部海洋经济圈、东部海洋经济圈、南部海洋经济圈和全国的主导因子分别是GOP占地区生产总值的比重（0.676）、海洋产业高级化指数（0.971）、沿海港口国际集装箱吞吐量（0.886）和海洋科研专利授权数（0.651）。在北部海洋经济圈中，高比重的GOP意味着地区经济结构更加多元化，不仅依赖于传统的陆地经济，还充分利用了海洋资源，形成了海陆联动的经济发展模式，增强了地区经济的抗风险能力；在东部海洋经济圈中，海洋经济中新兴产业和高端产业的比重提高，这些产业往往具有更强的技术创新能力和市场竞争力，能够在面对外部冲击时保持相对稳定的发展态势，从而有助于增强海洋经济的抗风险能力；在南部海洋经济圈中，沿海港口国际集装箱吞吐量对其海洋经济韧性影响最大，说明南部海洋经济圈各省（区）注重对外开放度的提高，高吞吐量意味着港口能够处理更多的国际货物，从而带动周边地区的经济发展，增强海洋经济的整体韧性。

第二，就主导交互因子而言，北部海洋经济圈的主导交互因子是水产品总量和涉海就业人员增长率（0.757）；东部海洋经济圈的主导交互因子是涉海就业人员增长率和沿海港口国际集装箱吞吐量（0.973）；南部海洋经济圈的主导交互因子是海洋产业高级化指数和海洋科研专利授权数（0.896）；中国海洋经济韧性的主导交互因子是水产品总量和沿海港口国际集装箱吞吐量（0.895）。总体来看，各地区主导交互因子的 q 值都大于单个探测因子的最大值，这说明各相关因子的合力作用将会提高区域海洋经济韧性水平。①

地理探测器的分析结果显示，区域海洋经济韧性的时空演变过程，实质上是多种不同类型影响因素交织影响、共同作用的结果。根据本文制定的区域海洋经济韧性综合评价指标体系（见表1）中一级指标和各地区的主导交互因子，可将中国三大海洋经济圈海洋经济韧性的驱动类

① 方叶林、王秋月、黄震方等：《中国旅游经济韧性的时空演化及影响机理研究》，《地理科学进展》2023年第3期。

型归结为三类："资源—民生驱动型""市场—民生驱动型""科技—产业驱动型"。"资源—民生驱动型"是以资源利用和社会民生作为主要驱动因素，其特点是在海洋经济发展过程中，既强调以海洋资源的开发利用作为基础支撑，同时聚焦民生改善与民众生活水平的提升，以此作为海洋经济增长的新引擎，从而间接增强海洋经济韧性。"市场—民生驱动型"是以市场开放和社会民生作为主要驱动因素，其特点是在海洋经济发展过程中，既充分发挥开放市场机制的引导和调节作用，又注重通过改善民生条件、提升民众生活水平来促进海洋经济的发展，从而形成市场与民生相互促进、共同驱动海洋经济韧性增强。"科技—产业驱动型"是以科技创新和产业规模作为主要驱动因素，其特点是通过科技创新和产业升级来增强海洋经济系统抵御风险、恢复和适应外部冲击的能力。这种驱动类型强调创新在海洋经济发展中的核心地位，以及产业规模对提升海洋经济竞争力的关键作用。

具体来看，北部海洋经济圈属于"资源—民生驱动型"，其韧性水平主要受资源利用和社会民生的影响。海洋水产品加工是北部海洋经济圈的重要产业之一，其增加值在全国占据较高比例。另外，北部海洋经济圈的总人口相较于东部和南部海洋经济圈多，尤其是山东为涉海就业人员出台了多种补贴政策，从而为涉海企业和科研机构提供了充足的劳动力，进而推动了产业结构的优化升级和经济活力的提升。北部海洋经济圈注重海洋资源利用和涉海社会民生，因而资源利用和社会民生成为影响该经济圈海洋经济韧性的主导因素。东部海洋经济圈属于"市场—民生驱动型"，其韧性水平主要受市场开放和社会民生的影响。东部海洋经济圈各省（市）面向太平洋，具有得天独厚的地理优势，并且拥有众多大型、现代化港口，如宁波—舟山港和上海港等，这些港口在港口设施、航道条件、装卸效率等方面均达到国际先进水平，为港口对外贸易提供了有力保障。同时该区域是中国经济最为发达的地区之一，因此面临更加旺盛的劳动力需求，政府通过财政补贴支持海洋渔业转型升级和渔民转产转业，可以吸引涉海就业人才。南部海洋经济圈属于“科技—产业驱动型”，其韧性水平主要受科技创新和产业规模的影响。南部海洋经济圈拥有众多中国顶级的海洋科研机构和大学，如中国科学院南海海洋研究所、厦门大学海洋学院等，这些机构为海洋科技创新提供了强大的人才和技术支持。同时该地区在海洋第二产业和第三产业增加值上增长显著，尤其是海洋第三产业增加值的增长速度居全国首位。其中，海南的海洋旅游业尤为突出，2023 年接待国内外游客达到 9000.62 万人次，同比增长 49.9%，旅游总收入达到 1813.09 亿元，同比增长 71.9%，其海洋旅游业正在迅速恢复并展现出强劲的增长势头。①

三　结论与建议

（一）研究结论

第一，2010~2022 年，中国海洋经济韧性水平呈现波动上升趋势，韧性指数由 2010 年的 0.331 上升至 2022 年的 0.551，三大海洋经济圈的韧性指数也和全国保持基本相同的上升态势。从各地区差异角度来看，南部海洋经济圈和东部海洋经济圈的海洋经济韧性指数明显高于全国均值，北部海洋经济圈则低于全国均值。

第二，研究期内，三大海洋经济圈各省（区、市）的韧性等级变化不大，总体呈现韧性等级攀升的空间演化特征。在北部和南部海洋经济圈中，各省（区、市）的韧性差距较大，区域间海洋经济协调发展较为困难。在东部海洋经济圈中，各省（市）的韧性水平较为接近，呈现连片式发展格局。

第三，影响各海洋经济圈海洋经济韧性的主导交互因子各不相同，北部海洋经济圈的主导交互因子是水产品总量和涉海就业人员增长率；

① 刘逸、纪捷韩、张一帆等：《粤港澳大湾区经济韧性的特征与空间差异研究》，《地理研究》2020 年第 9 期。

东部海洋经济圈的主导交互因子是涉海就业人员增长率和沿海港口国际集装箱吞吐量；南部海洋经济圈的主导交互因子是海洋产业高级化指数和海洋科研专利授权数。并以此划分不同的驱动类型，主要分为三类：北部海洋经济圈属于“资源—民生驱动型”，东部海洋经济圈属于“市场—民生驱动型”，南部海洋经济圈属于“科技—产业驱动型”。

（二）政策建议

根据上述研究结论，为了强化中国三大海洋经济圈的海洋经济韧性，促进沿海各省（区、市）间海洋经济韧性的均衡发展，实现海洋经济更高层次的可持续发展，特提出以下政策建议。

第一，克服自身局限，寻求突破机遇。结合各经济圈的比较优势和发展潜力，科学规划海洋产业的空间布局，形成错位竞争、产业融合的发展格局。北部海洋经济圈可以依托其科研教育和劳动力丰富的优势，提升先进制造业及其相关服务外包的国际影响力；东部海洋经济圈则可以利用其经济发达和高水平开放优势，着力培育一批具有全球视野与持久国际竞争优势的海洋品牌企业，通过强化供应链协同、优化价值链布局、升级产业链体系，实现与国际市场的深度融合与无缝对接；南部海洋经济圈则可以利用其海域辽阔、资源丰富的优势，面向东盟等国际市场发展滨海旅游业等现代服务业。

第二，加强区域联动，缩小地域发展差距。一是要强化各海洋经济圈之间的沟通联系，发挥南部海洋经济圈的引领作用，倡导并促进南部与东部海洋经济圈对北部海洋经济圈的积极援助与合作，成立跨区域的海洋经济合作组织或联盟，定期召开联席会议，研究解决合作中的重大问题。通过机制化合作，推动区域内各方在信息共享、项目合作、技术交流等方面的深度合作，推动地域间均衡与协同发展。二是各海洋经济圈内部各省（区、市）也要强化地域合作，更好地发挥山东、浙江和广东的带头作用，充分利用环渤海经济圈、长三角经济圈和粤港澳大湾区的地域优势，打造具有较强网络控制能力的中心节点。

第三，陆海联动，优化空间布局。一是着力建设各海洋经济圈的海洋中心城市。以青岛、上海、深圳为陆海统筹枢纽，以港口建设为中心带动临海区域城镇化水平的提高。二是推动海洋产业与陆地产业的深度融合，形成产业链上下游的紧密合作。例如，海洋渔业可以与食品加工、冷链物流等陆地产业相结合，海洋装备制造业可以与电子信息、新材料等高新技术产业相融合。三是加强陆海交通基础设施的对接和联通，提升区域综合交通运输能力。建设和完善港口、铁路、公路等交通设施，整合海陆空港交通资源，构建“省内贯通，省际互通”的现代陆海空铁综合交通运输网络。

第四，加强对外合作，优化要素流通。各海洋经济圈要深化与共建“一带一路”国家在海洋经济维度的协作，涵盖海洋环境保护、产业升级、科技创新等多个领域，致力于促进海洋资源、技术、资本等要素在全球范围内的顺畅流动与优化配置，以提高海洋经济韧性。各海洋经济圈可根据自身的地理位置选择不同的合作方式。在北部海洋经济圈，可以加强与俄罗斯、韩国等东北亚国家的合作，共同开发海洋资源；在东部海洋经济圈，可以利用其港口航运体系完善的优势，加强与亚太地区的经济合作；在南部海洋经济圈，则可以加强与东盟国家的合作，共同维护南海地区的和平与稳定。

（责任编辑：王圣）

世界海洋发展战略对现代化海洋强国建设的借鉴与启示

——以青岛现代海洋城市建设为例

孟庆胜　梁　军*

摘　要　建设海洋强国是中国式现代化的重要战略任务和应有之义，海洋经济已经成为中国国民经济的重要组成部分。为科学把握世界海洋发展趋势，推动青岛海洋经济高质量发展，打造具有独特优势和领先地位的现代海洋城市，服务和支撑新时代海洋强国建设，本文基于世界范围内关于海洋经济或蓝色经济的差异化认知，以世界海洋国家、国际组织和城市为研究对象，总结分析了其发展方向、重点领域和主要措施，并结合青岛现代海洋城市建设，从战略、科技、产业、开放、生态、文化等方面提出对策建议，为全国沿海城市发展海洋经济提供参考。

关键词　海洋强国　海洋经济　海洋城市　海洋产业

海洋是高质量发展的战略要地。海洋经济是国民经济的重要支撑，是对外开放的重要载体，是国家经济安全的重要保障，更是未来发展的战略空间。[①] 海洋的经济价值、生态价值和战略价值决定其必然受到世

* 孟庆胜，青岛市海洋发展局局长，中共山东省委党校（山东行政学院）硕士研究生，主要研究方向为经济管理和对外经贸、海洋经济问题；梁军，青岛市海洋发展局高级工程师，理学博士，主要研究方向为海洋经济、海洋战略规划。

① 林香红：《国际海洋经济发展的新动向及建议》，《太平洋学报》2021 年第 9 期。

界各国的高度重视。大力发展海洋经济，推动负责任地、可持续地开发利用海洋，成为沿海国家的普遍共识。面对世界百年未有之大变局，主要海洋强国纷纷加码施策海洋发展，发布海洋经济战略规划、海洋综合管理计划、海洋科学建议等政策及研究成果，统筹谋划推动海洋经济发展。本文选取美国、英国、挪威、日本 4 个沿海国家，欧盟、经济合作与发展组织 2 个国际组织和纽约 1 个城市的最新重点海洋规划及相关政策文件，分析世界海洋经济发展的重点领域以及未来趋势，为中国建设现代化海洋强国提供启示借鉴；同时以青岛市为例，提出建设现代海洋城市的思考和建议，推动打造现代海洋经济发展高地，形成独特优势和领先地位。

一　关于海洋经济的全球认识

（一）世界的海洋经济术语差异

世界各地关于“海洋经济”的术语不尽相同①，这也从侧面反映出各自的关注重点。常见术语主要包括海洋产业（Ocean Industry 或 Marine Industry）、海洋经济（Marine Economy）、海洋活动（Marine Activity）、海事经济（Maritime Economy）等。英国、澳大利亚、加拿大、法国、新西兰等通常使用“Marine”一词（侧重于源自海洋或利用海洋生产的），美国和爱尔兰通常使用“Ocean”一词（侧重于海洋学），而欧盟、挪威和西班牙经常使用“Maritime”一词（侧重于海事、航运以及军事等）。中国、日本、韩国等一般依据不同的场景使用相应表述。

（二）海洋经济内涵和统计差异

目前，全球范围内关于海洋经济的内涵以及统计核算体系尚未形成

① 傅梦孜、刘兰芬：《全球海洋经济：认知差异、比较研究与中国的机遇》，《太平洋学报》2022 年第 1 期。

普遍认可的统一标准，主要海洋国家和地区根据资源禀赋和经济发展阶段的特点，形成了不同的海洋产业分类体系。

1. 海洋经济定义

根据2021年《海洋及相关产业分类》国家标准，中国将海洋经济定义为“开发、利用和保护海洋的各类产业活动，以及与之相关联活动的总和”[①]。美国国家海洋经济计划将海洋经济定义为“来自海洋和五大湖及其资源，直接或间接为经济活动提供的各类产品和服务的总和”[②]。欧盟委员会（EU）认为，“海洋经济由所有涉及大洋、海洋和海岸带的行业和跨行业经济活动组成，包括直接和间接支持这些经济行业的配套活动”[③]；“直接或间接地发生在海洋、利用海洋的产出，并把商品和服务投入海洋的经济活动”[④]。经济合作与发展组织（OECD）将海洋经济定义为“海洋产业的经济活动以及海洋生态系统的遗产、产品和服务之和”。国家层面更注重海洋经济的开发和产业活动，国际组织则更关注基于海洋生态环境保护的包容性、可持续发展。

2. 海洋产业分类

世界主要海洋国家及国际组织对海洋产业的分类和统计范畴差异较大，海洋经济的核算标准、体系各不相同，由于统计数据的维度不一，难以有效对其海洋经济发展状况进行横向比较。

中国。海洋经济统计水平走在世界前列，建立了较为全面的产业分类体系，实现了海洋统计工作的制度化、规范化和标准化。根据《海洋及相关产业分类》国家标准，海洋及相关产业共包括5个类别（海

---

① 全国海洋标准化技术委员会：《海洋及相关产业分类：GB/T 20794-2021》，中国标准出版社，2021。

② National Ocean and Atmospheric Administration，National Ocean Economics Program，2000.

③ European Commission，“Blue Growth：Scenarios and Drivers for Sustainable Growth from the Oceans，Seas and Coasts，” *Final Report* 13（2012）：45-52.

④ K. S. Park，J. T. Kildow，“Rebuilding the Classification System of the Ocean Economy，” *Journal of Ocean and Coastal Economics* 1（2014）：1-37.

洋产业、海洋科研教育、海洋公共管理服务、海洋上游产业、海洋下游产业）、28 个大类、121 个中类和 362 个小类，基本覆盖了所有海洋产业部门。2023 年，中国海洋生产总值为 9.91 万亿元，占国内生产总值的比重为 7.9%。[①]

美国。根据 2024 年 6 月美国经济分析局（BEA）发布的《2022 年度海洋经济卫星账户核算报告》（Marine Economy Satellite Account，2022），2022 年，美国海洋产业增加值为 4762 亿美元，占美国 GDP 的比重为 1.8%。[②] 主要包括 10 个海洋产业：海洋生物资源（含渔业和水产养殖）、滨海旅游和娱乐、海洋工程建筑、海洋研究和教育、海洋运输和仓储、专业和技术服务、沿海公用事业、海上矿产、船舶制造、国防和海洋公共管理。

英国。英国皇家财产局（The Crown Estate）2008 年发布的《英国海洋经济活动的社会经济指标》指出，海洋经济活动共包括海洋渔业、海洋油气业、船舶修造、港口业、航运业、海洋可再生能源、海底电缆、海洋国防、海洋教育等在内的 18 个海洋产业。2017 年，英国海洋经济增加值为 361.11 亿欧元，占 GDP 的比重为 1.7%。[③]

日本。日本将海洋产业分为 A、B、C 三个类别[④]，共包括 33 个产业。其中，A 类指主要发生在海上的活动；B 类指为 A 类提供产品和服务的活动，如造船、钢铁、电子工业等，主要发生在陆上、沿海到内陆的区域；C 类产业原料由 A 类提供，并将其转化为新产品，如海产品加工业。

欧盟。2018 年 7 月，欧盟委员会发布了首份《欧盟蓝色经济 2018

---

① 《2023 年海洋生产总值增长 6.0% 我国海洋经济量质齐升》，中国政府网，https://www.gov.cn/yaowen/liebiao/202403/content_6940912.htm，最后访问日期：2025 年 3 月 5 日。

② Bureau of Economic Analysis，"Marine Economy Satellite Account，2022，" June 6，2024，https://www.bea.gov/news/2024/marine-economy-satellite-account-2022.

③ 韦有周、杜晓凤、邹青萍：《英国海洋经济及相关产业最新发展状况研究》，《海洋经济》2020 年第 2 期。

④ 林香红：《面向 2030：全球海洋经济发展的影响因素、趋势及对策建议》，《太平洋学报》2020 年第 1 期。

年度报告》[①]，将蓝色经济产业划分为成熟产业（Established Sector）和新兴产业（Emerging Sector），前者包括滨海旅游、海洋生物、海洋油气、海洋港口、船舶修造、海洋交通运输 6 个产业，后者包括蓝色能源、蓝色生物技术、海洋矿业、海水淡化及海上防务等。《欧盟蓝色经济 2023 年度报告》显示，2020 年，欧盟蓝色经济总增加值（GVA）为 1291 亿欧元，占欧盟 GDP 的比重为 1.5%。[②]

经济合作与发展组织。经济合作与发展组织在综合各国海洋经济研究基础上，考虑了海洋经济的产业重叠问题，提出划分传统海洋产业和新兴海洋产业的建议（见表 1），基本涵盖了主要海洋产业。在传统海洋产业和新兴海洋产业认知方面，除将海水养殖作为新兴产业，经济合作与发展组织与中国海洋产业分类基本一致，也反映出世界主要海洋国家、国际组织对海洋新兴产业的理解大体相似，对未来海洋经济增长点有共同认识。

表 1　传统海洋产业与新兴海洋产业

传统海洋产业	新兴海洋产业
捕捞渔业	海水养殖
海产品加工业	深水和超深水油气业
航运业	海上风电
港口业	海洋可再生能源业
船舶修造业（含海洋工程装备）	海洋和海底采矿业
海洋油气业（浅海）	海上安全和监测
海洋设备制造和建筑业	海洋生物技术
海洋与滨海旅游业	海洋高技术产品与服务业
海洋商业服务业	海水淡化
海洋研发与教育业	碳捕集与封存
海上疏浚	其他

资料来源：OECD，"The Ocean Economy in 2030，" April 27，2016，https://www.oecd.org/en/publications/the-ocean-economy-in-2030_9789264251724-en.html。

① EU，"The 2018 Annual Economic Report on EU Blue Economy，" July 17，2018，https://oceans-and-fisheries.ec.europa.eu/system/files/2018-10/2018-10-01-economic-report_en.pdf.

② EU，"EU Blue Economy Report 2023 Edition is Now Online!" May 24，2023，https://blue-economy-observatory.ec.europa.eu/news/eu-blue-economy-report-2023-edition-now-online-2023-05-24_en.

二 世界主要经济体海洋发展战略

（一）国家层面

1. 美国

2021年1月19日，美国国家海洋和大气管理局（NOAA）发布《蓝色经济战略计划（2021—2025年）》（Blue Economy Strategic Plan 2021-2025）[①]。该计划重点提出NOAA通过内部行动推进5个领域，即海上运输、海洋勘探与开发、海产品竞争力、海洋旅游与休闲以及沿海韧性，为推动美国蓝色经济发展以及促进全球海洋经济发展制定路线图。该计划旨在改进蓝色经济的数据、提供服务和技术资源、支持促进蓝色经济发展与可持续增长的商业和创业活动、挖掘并支持有助于加快国家经济复苏的蓝色经济增长领域。该计划提出7个目标：增加NOAA对海洋运输的贡献；绘制、勘探并表征美国专属经济区；实施关于提升海产品竞争力与加速经济增长的行政命令；进一步增加海洋、海岸和五大湖地区旅游和休闲业的发展机遇；增强海洋、海岸和五大湖海岸社区的韧性；通过推进重点交叉领域，以可持续的方式发展蓝色经济；利用外部机遇发展壮大蓝色经济。

另外，2018年11月，美国国家科学技术委员会（NSTC）发布《美国国家海洋科技发展：未来十年愿景》报告[②]。该报告作为美国第二个海洋科学和技术十年计划（第一个为《绘制美国未来十年海洋科学路线图：海洋研究优先计划及实施战略（2007）》），确定了2018~2028年海洋科技发展的迫切研究需求与发展机遇，以及推进海洋科技

① NOAA，“Blue Economy Strategic Plan，” Jan. 19，2021，https://aambpublicoceanservice.blob.core.windows.net/oceanserviceprod/economy/Blue-Economy%20Strategic-Plan.pdf.

② NSTC，“Science and Technology for America's Oceans：A Decadal Vision，” Nov. 18，2018，https://www.govinfo.gov/content/pkg/GOVPUB-PREX23-PURL-gpo112090/pdf/GOVPUB-PREX23-PURL-gpo112090.pdf.

发展的目标与优先事项，以促进美国的安全和经济繁荣，保证海洋环境的可持续发展。该计划确定海洋科技未来 10 年发展的五大目标——了解地球系统中的海洋、促进经济繁荣、确保海上安全、保障人类健康、发展有弹性的沿海社区，并提出 19 个科学技术目标和 101 个科研优先事项，其中 45 个事项为优先发展的海洋技术。

同时，该计划提出聚焦 5 个重点方面：一是将大数据方法完全整合到地球系统科学中，通过数据分析、数据挖掘产生海洋研究的新发现；二是提高监测和预测建模能力，通过改进计算资源和启用预测的集成模拟方法，显著增强海洋环境监测和预测模型的有效性；三是改进决策支持工具中的数据集成，提高沿海社区当前和未来的生存能力；四是支持海洋勘探和测绘，依托海洋科学技术进步，更好地探索海洋、了解海洋环境；五是支持正在进行的研究与技术合作，海洋科技发展需要海洋科学领域所有组织的有效合作，通过海洋科学知识传播，推动社会与海洋的互动。

2. 英国

2018 年 3 月 21 日，英国政府科学管理办公室（GOS）发布《预见未来海洋》报告，从海洋经济发展、海洋环境保护、全球海洋事务合作、海洋科学 4 个方面，分析阐述了英国海洋战略的现状和未来需求。建议英国在海洋利益方面，树立一个更具战略性的立场，明确一个更加清晰的优先事项，并就未来海洋发展提出 20 条建议，部分如下所示。

第一，在海洋经济方面。围绕海事商业服务、高附加值制造业、智能设备、卫星通信、海洋科学和海洋测绘等关键行业，在全球海洋发展中获益。利用海上风电等海洋可再生能源促进创新，减少碳排放。支持建立打破行业部门间合作障碍的机制。解决可能限制沿海区域海洋经济发展的局部问题。确保科技能力有效转化为创新能力和海洋经济。

第二，在海洋环境方面。确定面临的关键挑战，保护海洋生态系统和生物多样性，提高渔业监测和管理水平，维持海洋的长期可持续发展。减少日益严峻的海洋塑料污染。阻止塑料进入海洋，增强公众海洋环保意识。制定精确有效的海洋环境评估体系，将食物、碳捕集和支持人类健康等纳入其中。确保英国海外领地能够抵御海洋环境与气候变化等相关风险。

第三，在全球合作方面。促进、支持、实施稳定而有效的全球海洋治理。确保英国脱欧后，所有新规则在长期的海洋挑战和机遇面前足够适用。领导新兴产业和技术（自主航行器和深海采矿技术等）的规则制定。帮助发展中国家在渔业管理、气候适应、海岸带管理等方面增强能力。确保国际海洋开发活动与英国海洋优先事项的统一。

第四，在海洋科学方面。确保科学研究活动与英国国家优先事项的结合。提高海平面上升和沿海洪水的模拟水平，研究现代海洋通信技术；明确海洋变暖和海洋酸化的累积影响、海洋生态系统的崩溃“临界点”。加强国际科学合作。推进大数据成为创新的驱动力，确保足够的存储能力和分析能力。推动系统、协调和可持续的全球海洋观测和海底绘图。

2015 年，为加强对全球海洋科技领域的引领和趋势分析，英国劳氏船级社（Lloyd’s Register of Shipping）、英国国防科技公司奎奈蒂克（QinetiQ）和南安普顿大学共同发布《全球海洋技术趋势 2030 报告》[①]，概述了未来可预期的海洋技术基本趋势，将海洋行业划分为商业航运、海军和海洋空间三个领域，研究了 2030 年可能实现突破的 56 项关键技术，筛选出评估得分最高、具备技术可行性和商业潜力的 18 项技术，包括机器人、传感器、大数据分析、推进和动力、先进材料、智能船舶、自主系统、先进制造、可再生能源、造船、碳捕集与封存、能源管理、网络和电子战、海洋生物技术、人机交互、深海采矿、人类增强和通信。

① Lloyd’s Register of Shipping, QinetiQ, The Univeristy of Southampton, “Global Marine Technology Trends 2030,” Sep. 7, 2015, https://www.lr.org/en/knowledge/research-reports/global-marine-technology-trends-2030/.

3. 挪威

挪威作为传统的海洋国家，深刻认识到海洋和海洋产业在国内外的政治议程上占有重要地位。挪威分别于2017年和2019年发布了两个海洋战略规划更新政策《挪威海综合管理计划白皮书》[①] 和《蓝色机遇：挪威政府海洋战略》[②]。前者作为长期的海洋环境综合政策，旨在促进价值创造，保护挪威海洋和近岸环境，以获得可持续发展的机会。后者是挪威政府发布的全面的海洋经济发展政策，旨在进一步释放海洋产业创造可持续就业和价值的潜力，确保挪威继续成为领先的海洋国家。

挪威政府将海洋问题置于其政治议程的首位。2019年的更新政策明确了其对海洋综合战略的延续，并特别优先考虑三个领域：技能和数字化、气候变化和绿色航运，以及整个海岸线的价值创造。该政策确定了海洋政策五大原则：进一步强化和发展海洋法；促进海洋生态系统的养护和可持续利用；促进以知识为基础的管理；支持国际履约和文书执行；加强海洋综合管理，促进海洋经济可持续发展。

该政策侧重六个优先领域。一是面向未来的海洋产业，促进海洋经济增长和创造就业机会。阐述了海洋石油和天然气、航运、海产品、旅游、碳捕集和利用、深海采矿、海上风电、数字海洋等海洋产业的现状、未来趋势和主要目标，强调行业之间的技术和知识转移。二是教育、技能和劳动力市场，政府将努力确保现有的和新兴的海洋产业都能获得适当的相关技能。强调挪威要成为领先的海洋经济体，就必须优先考虑工人的安全和福利，着力构建性别平等、负责任的劳动力市场。三是研究、技术和创新，为海洋产业创造可持续的就业机会和价值。将

① Norwegian Ministry of Climate and Environment, "Update of the Integrated Management Plan for the Norwegian Sea," Apr. 5, 2017, https://www.regjeringen.no/en/dokumenter/meld-st-35-20162017/id2547988/.

② Norwegian Ministry of Trade, Industry and Fisheries, "Blue Opportunities: The Norwegian Government's Updated Ocean Strategy," Oct. 18, 2019, https://www.regjeringen.no/globalassets/departementene/nfd/dokumenter/strategier/w-0026-e-blue-opportunities_uu.pdf.

“海洋”纳入长期优先事项，以应对智慧运输、绿色能源、水产养殖、海上监测等跨学科知识和技术挑战，为前沿新技术试验、示范和商业化提供长期资金。四是健全的管理和可预测的框架，建立以知识为基础的、综合的、负责任的海洋管理制度。阐明了海域管理的总体框架和优先次序，促进了基于海域及其自然资源的海洋产业之间的共存。五是清洁健康的海洋，确保未来海洋在清洁和健康方面发挥主导作用。强调必须拥有良好的知识基础和健全的海洋管理制度，以应对气候变化、海洋生物多样性丧失、污染和海洋垃圾等挑战。六是国际合作与海洋外交，倡导清洁和健康的海洋以及基于知识的可持续海洋资源管理。发展和捍卫海洋法，促进基于知识的管理以及海洋生态系统的养护和利用，以支撑可持续的海洋经济。

4. 日本

2023年4月28日，日本内阁会议通过了第四期《海洋基本计划》[①]。2008年至今，日本共发布四期。《海洋基本计划》延续了战后日本海洋政策发展的脉络，具有连续性。新一期《海洋基本计划》刻意烘托了日本海洋形势的紧迫性和政策必要性，以海洋政策的重大变革，推动海洋转型，强化海洋安全保障，培育海洋资源开发等新兴产业，总体反映出日本海洋战略越来越积极主动。

第一，基本计划原则理念和方向。该计划包含前言、海洋政策现状、政府在海洋方面应采取的全面系统措施、相关必要事项四部分。按照《日本海洋基本法》框定的“海洋开发利用与海洋环境保护协调”“确保海洋安全”“增加海洋科学知识”“海洋产业健康发展”“海洋综合管理”“国际海洋合作”六大基本原则，提出“综合海上全面安全、建设可持续的海洋、稳步推进重大措施”三大领域方针。

第二，海洋相关方面的全面措施。该计划第二部分从保障海上安

① 《海洋基本计划》，https://www8.cao.go.jp/ocean/policies/plan/plan04/plan04.html，最后访问日期：2023年4月28日。

全，强化海域态势感知能力（MDA），促进离岛保护与专属经济区开发，海洋环境养护、恢复和维护，促进海洋产业利用，推进海洋科学技术的研究开发，推进北极政策，国际合作，海洋人才培养和海洋意识培育9个方面，提出380条具体措施，并明确责任分工及其对应的政府机构。通过表2可以看出，日本高度重视海洋经济发展和海上安全，海洋环境保护、海洋科技、海洋人才等位于优先层次。

表2　日本海洋措施统计分析

序号	重点领域	措施数量（条）
1	促进海洋产业利用	77
2	保障海上安全	75
3	海洋环境养护、恢复和维护	51
4	推进海洋科学技术的研究开发	46
5	海洋人才培养和海洋意识培育	37
6	促进离岛保护与专属经济区开发	30
7	国际合作	29
8	推进北极政策	20
9	强化海域态势感知能力（MDA）	15

资料来源：作者根据第四期《海洋基本计划》章节条款汇总梳理。

第三，主要特征和战略重点。《海洋基本计划》作为日本海洋发展的风向标，更加侧重海洋安全的综合性保障，更加强调对海洋状况的把握以及加大对西南诸岛和边境岛屿的保护力度。一是“强势出海”的政策立体性更加突出。不但涉及“海洋综合安全保障”，也包含以脱碳为目标的“构建可持续的海洋”，在此顶层设计基础上进一步强调战略性投入，主要面向自主水下潜航器（AUV）、小笠原群岛和南鸟岛等周边海域开发、专属经济区海上风电3个方面。二是加快海洋新兴产业布局，重点推进海洋资源开发与利用，发展海洋可再生能源、CCS技术，建立国际邮轮枢纽，提高海洋产业国际竞争力。比如，推动氢气、氨气等零排放船舶发展，牵头制定遏制船舶温室气体排放的国际规则；加快推进海底矿产资源商业化开发，到2030年启动天然气水合物商业化项目。

（二）区域层面

1. 欧盟

2021年5月，欧盟委员会发布《欧盟实现可持续蓝色经济的新途径：为可持续未来转变欧盟蓝色经济》[①]，推动蓝色经济价值链向绿色化、高端化、全球化迈进，提出加快实现气候中和及零污染、发展循环经济与预防浪费、保护生物多样性和加大自然投资、强化沿海地区的韧性、构建可信赖的食品系统5个经济转型方向。2022年，欧盟委员会决议通过致欧洲议会、欧盟理事会、欧洲经济和社会委员会、区域委员会的联合函件《为可持续的蓝色星球设定方向——关于欧盟国际海洋治理议程的联合函件》[②]，呼吁促进欧盟及其成员国的共同参与，以保护清洁、健康、多产和有弹性的海洋，在安全和公平的条件下可持续利用海洋，同时确保海上的稳定和安全。欧盟将在国际海洋治理和实现联合国2030年可持续发展议程目标等方面发挥更积极的作用，且提出了四大目标和8个方面的主要优先事项（见表3）。

表3 欧盟在国际海洋治理8个方面的主要优先事项

优先事项	主要措施
制止和扭转海洋生物多样性的丧失	1. 尽快缔结《联合国公海条约》（国家管辖范围以外的生物多样性）； 2. 到2030年，形成2020年后全球生物多样性框架，将30%的海洋保护区纳入其中； 3. 在南大洋指定新的大型海洋保护区

① 欧婷、王琼、杨伦庆：《关于欧盟发展可持续蓝色经济的分析》，《海洋经济》2023年第5期。

② European Commission, "Setting the Course for a Sustainable Blue Planet-Joint Communication on the EU's International Ocean Governance Agenda," June 24, 2022, https://eur-lex.europa.eu/legal-content/EN/ALL/?uri=JOIN%3A2022%3A28%3AFIN.

续表

优先事项	主要措施
保护海底	在科学空白得到适当填补、采矿不产生有害影响、海洋环境得到有效保护之前，禁止深海采矿
确保可持续渔业和水产养殖	1. 对非法、不报告和不受管制（IUU）捕捞活动采取“零容忍”态度； 2. 在2022年6月达成的世界贸易组织有害渔业补贴全球协议的基础上，推动其与尚未达成一致要素的加强； 3. 修订欧盟渔业和水产养殖产品的营销标准
确保符合国际规则和标准	推动作为开放登记处的国家履行船旗国责任
应对气候变化，建设健康的海洋	1. 到2050年实现气候中和，包括渔业和其他海洋活动脱碳； 2. 保护海洋的蓝碳功能； 3. 在推进二氧化碳去除的任何新的地球工程实施之前，确保有足够的科学依据来证明此类活动的合理性，并适当考虑相关的风险和影响
应对海洋污染	到2024年缔结一项雄心勃勃的具有法律约束力的《全球塑料协议》
积累海洋知识	鼓励为海洋可持续性建立政府间科学政策接口，旨在建立政府间海洋可持续性小组
投资海洋	1. 为海洋和沿海生物多样性、气候（包括公海）投资高达10亿欧元（2021~2027年）； 2. 每年提供3.5亿欧元用于海洋研究（科研资助框架“欧洲地平线”2021~2027年）

第一，完善国际海洋治理框架。优先开展海洋生物多样性保护和养护，旨在实现国家管辖范围以外海洋生物多样性国际协定（BBNJ）。禁止深海采矿，以形成一个强有力的海洋环境保护框架。支持国际组织在透明度、善治和利益攸关方包容性方面的最高国际标准。坚持渔业活动应尊重长期养护和可持续利用原则，对非法、不报告和不受管制（IUU）捕捞活动采取“零容忍”态度。

第二，到2030年实现海洋可持续性。实施海洋气候变化减缓和适应行动。减少海上运输温室气体排放，继续采取渔业脱碳行动。遏制各种污染，特别是从陆地污染源到海洋的污染。加强海洋综合管理，到2030年海洋保护区覆盖30%的海洋空间。

第三，确保海上安全。通过国际海洋治理议程和共同渔业政策，根据国际劳工组织（ILO）、国际海事组织（IMO）和联合国粮食及农业组织（FAO）的目标，与伙伴国家合作，促进渔业的体面工作，保障海上运输系统安全。

第四，积累海洋知识。致力于推进实施“联合国海洋科学促进可持续发展十年（2021—2030年）”，共享海洋数据和加强海洋观测，向公众提供有关海洋和海岸的信息。采取行动促进海洋素养提升，促进可持续实践。

2. 经济合作与发展组织

2016年，经济合作与发展组织发布《海洋经济2030》（Ocean Economy 2030），这份报告是经济合作与发展组织第一次从经济角度思考海洋问题，以支持各国和国际社会可持续发展海洋经济。该报告介绍了影响海洋经济的全球趋势和宏观因素、影响海洋新兴产业的关键因素，并对未来海洋经济发展进行预测，内容共包括三大部分9个章节，其核心观点总结如下。

第一，2030年全球海洋经济规模将翻番。以2010年为基准年份，预测2030年海洋经济增加值（GVA）将实现翻番。在常规情景①下，到2030年，全球海洋经济增加值将接近3万亿美元（以2010年美元不变价格计算），占全球经济增加值的2.5%。与常规情景相比，《海洋经济2030》还展示了“可持续增长情景”和“不可持续增长情景”的预测结果（见表4）。

表4 不同情景下2030年海洋经济数据预测结果

单位：万亿美元，万人

预测情景	海洋经济增加值	海洋产业就业人口
可持续增长情景	3.16	4300
常规情景	2.95	4000
不可持续增长情景	2.78	3700

资料来源：《海洋经济2030》。

① 常规情景或基线情景，是指假设历史趋势继续保持，没有发生重大政策变动，没有发生技术或环境的突发性中断和重大特殊情况，海洋产业继续沿着参照期轨迹发展的增长情形。

第二，2030年和2060年的全球趋势与不确定性。该报告围绕世界人口增长、气候变化、能源格局、金属和矿物供应、粮食安全、技术进步、地缘政治等方面，阐述了发展趋势、风险和不确定性因素以及对海洋经济的影响，从正反两方面予以较为客观的论证，突出了海洋资源开发与海洋健康维护之间的平衡关系。

第三，科学、技术与创新是影响海洋新兴产业的关键因素。其一，科学是为海洋经济服务的知识，将继续作为驱动海洋经济发展的强大动力。全球只有不到5%的海底经过较为细致的勘探，人类对海洋还有很多未知。其二，海洋经济领域的技术渐进式发展，传感器、高端材料、信息通信、计算机和大数据分析、自主系统、生物、海底工程等技术将提高海洋生产力。其三，促进可持续发展的海洋经济创新，强调海洋产业协同，降低投入成本，减小环境影响，提高海洋空间利用效率，比如海上风电与油气开发、海上可再生能源和水产养殖、深水油气开发与深海采矿等协同融合发展。另外，报告提出海底电缆系统和海洋监测、感知功能相结合，美国、日本、加拿大等利用北半球海底光纤电缆，部署运行海底观测网络。

第四，特定海洋产业的增长前景、挑战和不确定性。对工业化捕捞渔业、海洋油气、航运、海上风电、工业化海水养殖、海洋和滨海旅游、海上安全和监测、海洋可再生能源、深海采矿、海洋生物技术等产业进行评估，按发展前景分为三类，并对部分产业进行增长预测（见表5）。

表5　OECD对2010~2030年海洋产业增加值与就业增长率的估算

单位：%

产业	增加值年复合增长率	增加值累积增长率	就业累积增长率
工业化海水养殖	5.69	303	152
工业化捕捞渔业	4.10	223	94
工业化水产品加工	6.26	337	206
海洋和滨海旅游	3.51	199	122

续表

产业	增加值年复合增长率	增加值累积增长率	就业累积增长率
海洋油气	1.17	126	126
海上风电	24.52	8037	1257
港口活动	4.58	245	245
船舶修造	2.93	178	124
海洋装备制造	2.93	178	124
航运	1.80	143	130
海洋产业总平均值	3.45	197	130
全球经济	3.64	204	120

资料来源：《海洋经济 2030》。

（三）城市层面

2017 年 1 月，纽约发布《纽约海洋行动计划（2017—2027）》（New York Ocean Action Plan 2017-2027，OAP）①，通过这一项为期 10 年的行动计划，改善海洋生态系统的健康状况及提供可持续利益。OAP 明确了 4 个相互关联的目标、11 个长期目标和 61 项具体行动，目的是构建管理更好、更健康的海洋生态系统，造福人类和自然界。OAP 以实现长期目标的短期行动为基础，指导推动政府各类资助、研究、管理、宣传和教育工作。

第一，OAP 的主要内容。OAP 概述了需要立即采取行动的优先事项，确定了 4 个相互关联的目标。目标 1：确保海洋生态系统的生态完整性，包括 34 项行动，旨在保护和恢复敏感的近海和河口栖息地；改善具有重要经济和生态意义的物种管理；评估海洋生态系统的生态完整性。目标 2：以可持续和符合维持生态系统完整性的方式，促进经济增长和沿海开发利用，包括 9 项行动，旨在实施和推进离岸规划；促进可

① New York State Department of Environmental Conservation, "New York Ocean Action Plan (2017-2027)," Jan. 31, 2017, https://extapps.dec.ny.gov/docs/fish_marine_pdf/nyoceanactionplan.pdf.

持续的海洋工业和娱乐产业发展。目标 3：提高海洋资源对气候变化的抵御能力，包括 9 项行动，旨在为适应气候变化和沿海规划战略提供信息；采取长期的气候适应和沿海规划战略；实施近岸和近海沉积物资源管理战略。目标 4：赋予公众积极参与决策和海洋管理的能力，包括 9 项行动，推进利益相关者的参与。

第二，OAP 的亮点措施。一是强化多方合作。OAP 指出国家无法独自解决海洋问题，与市、地区和联邦政府机构以及其他合作伙伴的合作尤为重要。61 项具体行动明确了具体步骤和完成期限，强调资源管理者、政策制定者和公众参与，注重海洋科研机构以及团体代表的参与，共同促进海洋经济增长。二是重视数据管理。强调数据在海洋生物物种调查、海洋酸化监测和生物多样性保护等方面的重要性，将有关海洋物种和海洋栖息地的详细信息添加到数据库中，以满足地方、国家和全球的海洋保护需求。设立海上观察员，将观察员数据作为最可靠的渔业数据来源。三是强化可持续发展。OAP 突出基于生态系统的管理（EBM），突出人和生态系统不可分割的关系，强调必须有良好的科学理解和牢固的伙伴关系，以解决复杂而有争议的问题。制定一系列海洋指标，作为生态系统健康状况、生态系统服务水平的衡量标准，衡量海洋的整体健康状况；发布一份海洋状况报告，评估纽约湾海洋状况；制定一项初步基线监测和海洋指标方案倡议，以跟踪生态和社会经济基准并评估海洋健康。四是规划海上能源开发。利用在纽约湾外大陆架（OCS）发现的丰富的可再生海上能源，实现到 2030 年纽约州 50%的发电量来自可再生能源的目标。将现有的技术、数据、信息兼容到开发评估中，以确定潜在开发区域的最佳环境效益。五是科学发展休闲海钓。制定休闲海钓指南，发布许可证、执照和登记信息，提供常见可捕和禁捕物种的识别方法、消费建议等详细信息，并在主要公共休闲钓鱼入口处修建信息亭，展示休闲渔业法规，促进船民安全，加强保护自然资源的宣传教育。

三　对海洋强国建设的经验启示

综上所述，世界各国处于不同发展阶段，对海洋空间、资源和环境的依赖程度不同，有关海洋经济发展的理念策略、方向重点和政策措施有所差异，但毫无例外都高度重视海洋、开发海洋和保护海洋，其发展经验对中国发展海洋经济、保护海洋生态环境、加快建设现代化海洋强国具有借鉴意义。

（一）积极倡导促进和发展可持续海洋的理念

（1）深刻认识海洋可持续发展的重要意义。各国均认识到海洋是地球的生命之源，对人类福祉和全球经济繁荣至关重要。海洋作为许多复杂生态系统的家园，正面临着气候变化、海洋酸化、海洋变暖、海洋污染、过度捕捞以及海洋生物栖息地和生物多样性丧失等重大威胁和挑战，必须采取行动保护海洋再生能力，为应对全球挑战提供有力的解决方案，从理念和行动上将实现海洋可持续发展目标的行动作为相关努力的重要组成部分。

（2）将可持续发展全面纳入海洋战略规划。主要海洋国家在海洋发展战略谋划与政策重点上密切对接联合国可持续发展目标，纷纷制定相应的政策措施。比如，日本第四期《海洋基本计划》将“构建可持续的海洋”作为新的支柱性方针，强化了碳中和，海洋环境养护、恢复，渔业资源管理等举措。挪威对照联合国可持续发展议程中的 17 个目标，确定了海洋政策 5 个基本原则。

（3）推动落实海洋可持续发展的具体行动。各国围绕海洋资源、生态、经济、环境、科技等领域，制定了一系列具体落实行动。如美国《蓝色经济战略计划（2021—2025 年）》聚焦海上运输、海洋勘探与开发、海产品竞争力、海洋旅游与休闲、沿海韧性、内部重点领域和外部机会7个支柱，确定了41个目标和150项行动。

（二）充分认识科学、技术和创新对海洋的作用

（1）强调以科学认识改变海洋。在各海洋国家和相关国际组织的海洋相关文件中，出现最多的关键词就是“科学”，突出强调海洋科学的力量，以科学来认识海洋、利用海洋和服务政府决策。英国拥有世界领先的海洋科学机构，在《预见未来海洋》报告中指出，跨学科海洋专业知识对全球能力建设、可持续管理海洋资源、解决气候和海洋环境问题以及创新未来海洋开发所需的技术至关重要，并提出5项海洋科学建议。

（2）始终保持对前沿技术的探索。新兴技术是催生海洋新兴产业和未来产业的核心动力，深水、绿色、智能、安全等新技术是各国关注的重点，成为各国纷纷发力争夺的高地。《美国国家海洋科技发展：未来十年愿景》报告，确定了2018~2028年美国海洋科技发展的迫切研究需求与发展机遇、推进目标与优先事项，重点瞄准海洋渔业数字管理、海洋可再生能源、海洋矿产开发、海洋观测、海洋大数据、高技术船舶、海洋非侵入性探测发现技术，以及卫星、潜航器、浮标、水下无人机、水面航行器、海洋高性能计算机等现代化基础研究设施技术。[①]

（3）注重创新是海洋产业的动力。技术创新尤其是颠覆式技术创新能够为产业带来巨大变化，创新不仅包括技术创新，还包括模式创新和要素创新。2018年，挪威政府资助建立了数字化和虚拟现实、能源、环境和材料三个国家海洋工业弹射器中心（制造业创新中心），加速技术开发。美国建设阿波罗式的“蓝色冲击波”集群（BlueTech）[②]，构建大学、产业、政府协同的“三螺旋”关系。

（4）加强海洋专业技能人才培养。海洋就业人数是国外海洋经济

① 李晓敏：《美国海洋科学技术未来十年发展重点及对我国的启示》，《全球科技经济瞭望》2020年第9期。

② The Ocean Foundation, “The Blue Wave,” April 28, 2021, https://oceanfdn.org/wp-content/uploads/2021/04/The-Blue-Wave.pdf.

统计的一项重要指标，高质量的劳动力和技能人才保障是西方海洋强国海洋政策的重要内容。挪威政府高度重视对海洋人才和未来技术工人的培养，实现了涵盖高中、职业教育、高等教育的专家、工程师、技术人员、科学家、律师和经济学家的充足海洋劳动力供应。日本《海洋基本计划》提出加强高中、技术学院、大学的海洋教育，重点培养造船业、渔业、海上风电、航运、法律、数字化等海洋产业转型人才。

（三）加强海洋国际交流合作并发挥主导作用

（1）成立国际海洋组织。国际组织是海洋国际合作的主要推动者和规则制定者，世界主要海洋强国拥有海洋国际组织的话语权，占据海洋治理的主导地位。挪威通过发起建立可持续海洋经济高级别小组（High Level Panel for a Sustainable Ocean Economy），提出采取气候投资解决方案、利用海洋可再生能源、实施海洋产业脱碳、确保可持续的粮食供应、推进碳捕集与封存、加强海洋观测与研究六大行动，在解决全球海洋管理问题和释放海洋经济潜力方面发挥领导作用，提升挪威政府国际影响力。

（2）推动国际海洋事务交流合作。在联合国和国际海洋法、国际协定、国际组织等框架下，挪威、英国、日本、欧盟等十分重视国际海洋合作，聚焦海洋科学、环境、气候、资源以及生物多样性保护等领域，强化对海洋垃圾、海洋塑料、气候变化、IUU 渔业管理等国际性热点议题的交流。英国《预见未来海洋》报告提出，英国在全球海洋治理体系中发挥着主导作用，应积极参与海洋国际合作，引领新兴产业和技术新法规的制定。

（3）提供海洋国际公共服务产品。加强海洋技术能力建设，为全球供给高质量的公共服务产品，彰显全球海洋影响力。如上述挪威主导的可持续海洋经济高级别小组推出《蓝色纲要》文集，包括《气候变化对海洋经济的预期影响》《海洋可再生能源和深海海底矿物在可持续未来中扮演的角色》等16份蓝皮书以及《2050年可持续海洋经济：预估收益和成本》等4份特别报告；经济合作与发展组织先后发布《海洋经济2030》《可持续海洋经济的创新再思考》等一系列研究成果，为全球海洋可持续发展提供解决方案和公共产品。

（四）积极培育新增长点并发展海洋新兴产业

（1）大力培育海洋新兴产业。海洋新兴产业正在引领海洋经济发展，沿海各国将水产养殖、海上风电、海洋可再生能源、蓝色生物技术等作为新兴产业发展方向，突出数字化技术应用。美国重点发展海上风电、波浪能、海洋生物医药等新兴产业，不断加大财政支持力度。2024年3月，美国首个大型海上风电项目（Vineyard Wind）的首批5台电机投运。欧盟新的海上可再生能源战略，目标是到2030年将海上可再生能源的容量增加5倍，到2050年增加30倍。

（2）布局推动海洋未来产业。挪威在全球率先走出深海采矿第一步，颁布《海底矿产法》，确保勘探和生产以无害环境和可持续的方式进行，并于2024年1月批准逐步开放28.1万平方公里的海域。2020年，美国发布《海洋能产业化战略报告》，提出中长期海洋能发展目标，每年用1亿美元以上支持波浪能、潮流能技术研发及示范。[①] 日本也加快天然气水合物和深海矿产开发、CCS技术布局，并已开展稀土、富钴结壳等开采试验。

（3）积极打造海洋产业集群。产业集群是产业发展的高级组织形态，具有集聚性和关联性两大特点。主要海洋国家均进行了海洋产业集群的政策设计，以增强产业竞争力。英国海事集群最为典型。英国依托IMO总部，设立了行业组织、海事商业服务、港口和船厂等一系列海事集群，提出保持海事集群的多样性，增强海事集群吸引力。

---

① 麻常雷、历鑫、张彩琳：《中国海洋能产业发展分析》，《油气与新能源》2024年第1期。

（五）强化综合的海洋空间、资源和环境管理

沿海国家强调专属经济区、海岸带、海洋空间规划、海洋保护区及渔业生物资源管理，注重立法、标准制定和政府部门间的协调，以促进海洋可持续保护和利用。美国、挪威等主要海洋国家通常采取基于生态系统的管理办法，充分考虑资源利用的生态和社会经济因素，以及人类活动对环境的累积影响。欧盟实施渔业共同政策，美国修订马格努森-史蒂文斯渔业保护和管理法案，实施渔业捕捞份额制度，保护渔业资源和鱼类种群。比如，纽约基于周边重要河口的生物多样性和生态敏感性，提出为期10年的行动计划。挪威充分认识气候变化、海洋酸化、鱼类过度捕捞、海洋垃圾等挑战，提出与石油开采、渔业养殖、航运、旅游业、矿产开发等海洋产业相适应的应对措施。

四　对青岛现代海洋城市建设的认识与思考

海洋是青岛最突出的特色优势。2023年，青岛海洋生产总值居全国沿海城市前三。[①] 中央有关文件明确赋予青岛强化海洋功能和特色，带动形成一批现代海洋城市的重要使命，把青岛海洋发展摆在全国沿海城市的第一梯队。站在海洋发展新起点，为打造现代海洋经济发展高地，青岛应准确把握时代特征和世界海洋发展趋势，积极对标国际先进海洋城市，发挥海洋独特优势，加快科技创新步伐，培育海洋新质生产力，推动海洋经济高质量发展，全力打造海洋科技先进、海洋经济发达、海洋生态环境优美、海洋文化浓郁、海洋开放活跃、海洋治理高效的全球领先的现代海洋城市（The World-Leading Modern Marine City），在海洋

① 《青岛海洋生产总值稳居国内城市第三》，https://mp.weixin.qq.com/s?_biz=MzA5OTI0MzE4Ng==&mid=2650812789&idx=5&sn=49d1aefe193debe525606f6f41b4d523&chksm=8a0ff631bde6a2bde1af6b78f90e3d5d67a37a0edbd52d791d5887c536770d1abb1f846f2b11&scene=27，最后访问日期：2024年12月1日。

经济和海洋事业方面引领时代潮流，服务和支撑现代化海洋强国建设。

（一）坚持战略思维，高起点谋划新时代海洋发展工作

坚持战略思维、科学视角、全球视野，深化科学认知，遵循发展规律，增强海洋发展谋划工作的前瞻性、指导性和实践性。一是深刻认识海洋强国战略意义。以习近平同志为核心的党中央将建设海洋强国作为中国特色社会主义事业的重要组成部分和实现中华民族伟大复兴的重大战略任务。青岛要牢记“国之大者”，深刻认识建设现代海洋城市是党中央交给青岛的重大任务，全面推进中国式现代化的海洋城市实践。二是深刻认识科学进程和经济规律。顺应新一轮科技革命和产业变革趋势，突破科学技术瓶颈，提升要素资源效能，摆脱传统路径依赖，不断催生新技术、新产业、新模式，以新动能支撑海洋经济高质量发展。三是深刻把握海洋战略规划体系逻辑。在时间维度设定阶段性目标，科学构建发展指标体系，递进式支撑远景目标。在空间维度开阔视野，立足青岛、放眼全国、对标全球，服务区域协调发展战略，助力构建新发展格局。在政策维度强化对接，争取国家和省级层面支持，切实担当海洋强国和海洋强省建设的排头兵。

（二）坚持创新驱动，高水平推进海洋科技自立自强

放大海洋创新资源集聚优势，完善科技创新体系，打造全球知名的海洋科学城，助推中国海洋科技自立自强。一是打造全球海洋科学策源地。面向世界海洋科技前沿和国家战略需求，优化基础研究和应用研究力量布局，持续扩大海洋科研领先优势。聚焦海洋与地球宜居性、海洋智能感知与预测等前沿领域[①]，在深水、绿色、安全的海洋高技术领域突破一批核心技术和关键共性技术。加强重大科研基础设施建设，建设

① “中国学科及前沿领域发展战略研究（2021—2035）”项目组：《中国海洋科学2035发展战略》，科学出版社，2023。

深远海科考船队、海上综合试验场、海洋生态系统模拟研究设施等大科学装置群，打造海洋领域国家综合性科学中心。实施重大海洋科技项目，积极推进“两洋一海”“‘海洋十年’海洋与气候无缝预报系统”等国际大科学计划，提升全球海洋科学话语权和影响力。二是构建多层次创新平台。对标英国国家海洋科学中心、美国伍兹霍尔海洋研究所等研究机构，高水平建设崂山实验室、“深海三大平台”，打造海洋领域国家战略科技力量。推进建设青岛蓝色种业研究院、中国海洋工程研究院（青岛）等高能级创新载体，赋能海洋产业转型升级。强化高校、科研院所、企业等各类创新主体的作用，布局建设一批涉海重点实验室、海洋工程技术协同创新中心，打造特色鲜明的创新平台。三是打造全球海洋人才高地。聚焦海洋发展需求，组建结构合理、素质优良的海洋人才队伍，持续实施海洋人才集聚行动计划，引进海洋战略科学家、一流科技领军人才和创新团队、青年人才，打造中国海洋国际人才港。支持驻青高校加大海洋工程专业学科建设力度，培育面向海洋产业的卓越工程师。发挥海洋职业教育资源优势，培养海事专业人才、海员、渔民等高素质海洋人力资源。四是加速海洋科技成果转化。健全以企业为主体、以市场为导向、产学研用相结合的创新体系，深化“揭榜挂帅”“企业出题、院所答题”等机制，组建海洋产学研创新联盟，打通科技成果转化堵点。优化布局海洋领域制造业创新中心，提供概念验证、测试、示范、孵化等服务，加快推动科研成果转化为现实生产力。加强海洋科技政策支持，鼓励大中型涉海企业创新，加大对初创期企业的支持力度，打造“热带雨林”式的创新生态。

（三）坚持科技引领，高质量培育海洋领域新质生产力

坚持高端、智能、绿色方向，推动科技创新和产业创新深度融合，构建现代化海洋产业体系，打造全球现代海洋产业高地。一是积极壮大海洋新兴产业。做强海洋高端装备制造业，主攻高技术船舶、高端海洋

工程装备、海洋智能装备等方向，增强关键核心设备配套能力，打造世界级海洋装备制造基地。做优海洋药物和生物制品业，深入推进“蓝色药库”计划，梯队式开发海洋新药和中医药产品。突出生命大健康主题，建设海洋生物医药特色产业园区。做精海水淡化与综合利用业，推进核心技术装备自主化，提升全产业链整合能力，引导龙头企业“走出去”。做大海洋新能源产业，积极发展深远海风电和海上光伏产业，突破漂浮式风电、海上多能耦合等关键技术，打造海洋新能源技术创新基地、开发示范基地和装备制造基地。二是发展海洋未来产业。培育深海开发产业，聚焦地质勘探、开采装备等关键技术，谋划打造深海开发产业园。在电子信息产业实现突破，以新型海洋传感器、海洋智能装备为重点，推动海洋电子信息装备和关键设备国产化。开发拓展应用场景，策划全球海洋未来产业主题大会、赛事等活动，加快培育未来产业。推动海洋人工智能在防灾减灾、生态环保、智慧港口等领域的应用。三是大力发展海洋优势产业。推动现代渔业转型升级，以海洋种业、深远海养殖和工业化养殖为主要方向，拓展延伸三文鱼、南极磷虾产业链条，高水平建设现代化海洋牧场。发展高端航运服务业，借鉴英国、挪威海事集群经验，加强与国内外知名航运领域专业机构的合作，吸引全球知名船舶管理公司、国际海事服务机构，打造世界领先的航运中心和海事综合服务中心。推动海洋文化和旅游业品质升级，丰富休闲旅游业态，策划打造地标性海洋特色主题公园，打造国际一流的邮轮旅游特色目的地。

（四）坚持合作共赢，高标准建设海洋命运共同体示范区

抓住全球海洋事务快速发展的机遇，拓展国际合作的广度和深度，扩大“蓝色朋友圈”，服务国家海洋领域双多边合作，为构建海洋命运共同体做出青岛贡献。一是打造高水平开放合作平台。依托上合示范区、青岛自贸片区两大国家战略开放平台，深化全球海洋经贸、人文、

技术领域的合作。加强国际海洋议题对接，高水平举办联合国“海洋十年”海洋城市大会、海洋合作发展论坛，办好中国国际渔业博览会、世界海洋科技大会等会展活动，打造“蓝色会都”品牌。二是积极参与全球海洋治理。高水平建设“海洋十年”国际合作中心，实施气候变化应对、健康海洋、蓝色伙伴关系等八大行动，面向全球推出一批海洋公共服务产品，打造中国海洋治理方案推广平台。支持“海洋十年”海洋与气候协作中心建设，引入涉海国际机构，打造海洋国际组织集聚平台。依托涉海高校院所，在全球和区域海洋治理中提供中国方案、贡献中国智慧。加强国际公海渔业履约管理，共同打击 IUU 捕捞活动。三是拓展蓝色伙伴关系网络。依托联合国“海洋十年”海洋城市平台，构建以海洋友城为节点的蓝色伙伴关系网络，助力国家布局海洋新疆域。加强与法国、挪威、美国、韩国等国家知名海洋城市的交流，加强与东盟国家、太平洋岛国在海洋科研、海水养殖、海洋旅游等务实领域的合作，共同增进海洋福祉。

（五）坚持人海和谐，高效能推进海洋管理和生态治理

以大生态视角完善大海洋治理格局，实施基于生态系统的海洋综合管理，增强海洋发展韧性，推动可持续发展，打造美丽中国和全球海洋生态文明建设示范样板。一是健全海洋综合管理体系。加强海洋经济立法，制定出台《青岛市海洋经济促进条例》，提供法治保障。优化海洋空间布局，优化陆海发展空间，构筑具有复原力的创新海岸带，打造世界一流的海洋经济湾区。完善海洋牧场、渔业捕捞、休闲渔业等管理制度，促进渔业资源养护、恢复和生物多样性保护。精细化管控海洋空间资源，提高用海效率。二是加强海洋生态环境保护。构建海洋生态廊道和生物多样性保护网络，全域打造美丽海湾，提高海岸带人居环境品质。健全海洋生态监测预警机制，科学应对海洋灾害，打造全球海洋生态保护典型示范区。研究制定海洋碳汇计量技术方法与标准，探索建立

海洋生态价值评估和海洋碳汇交易机制。三是强化陆海污染统筹治理。严格控制陆源污染入海，加强海洋污染控制标准制定，强化河口、海岸带、海域等一体化的海洋环境实时监测，推进陆海污染一体化治理，提升海洋环境综合管治能力。

（六）坚定文化自信，高层次提升海洋文化意识和素养

加强海洋教育，普及海洋知识，传播海洋文化，提高民众海洋素养，营造关心海洋、热爱海洋、保护海洋的良好社会氛围。一是加强海洋教育和知识普及。推动中小学海洋特色学校建设，构建以高等教育为主体，职业教育、技能培训、基础教育全面发展的海洋教育体系。开发一批高水平的原创海洋科普精品，创建一批特色鲜明的海洋科普教育和研学基地。组织海洋文化意识教育活动，举办中小学、大学海洋知识和科学竞赛，组织海洋实境体验活动。二是繁荣发展海洋文化事业。做强“帆船之都”城市品牌，提升青岛国际帆船周·青岛国际海洋节举办水平。丰富海洋文化活动，开展世界海洋日暨全国海洋宣传日、祭海节、开海节等海洋文化宣传。发展海洋文化体验经济，扩大海洋文化产品和服务供给，促进文化产业转型升级。三是促进海洋文化交流合作。加强国际传播能力建设，搭建文化传播合作平台，讲好青岛海洋故事，打造“活力海洋之都”品牌。加强与共建“一带一路”国家的文化交流与合作，宣传中国海洋文化，传播中国海洋声音，强化海洋命运共同体理念认同，助力提升中国海洋文化的亲和力、感召力、影响力。

结　语

随着新一轮科技革命和产业变革的加速演进，海洋经济将成为全球经济新的增长动力，深海、极地、深地将成为全球主要海洋国家竞争的新疆域。及时跟踪世界海洋科技前沿和海洋经济发展动向，有助于更加

积极主动地应对全球海洋经济、科技、文化、生态等领域的竞争与合作，提升参与全球海洋治理的能力；有助于更加高效地促进科技创新与产业发展深度融合，精准培育海洋新质生产力，构建现代海洋产业体系，推动海洋经济高质量发展；有助于沿海城市加快推进现代海洋城市建设，全力支撑现代化海洋强国建设，为全面推进中国式现代化和中华民族伟大复兴做出贡献。

（责任编辑：王圣）

大数据背景下海洋低空经济发展机理与机制

——以青岛市为例

孙　冕　齐元星*

摘　要　当前，海洋低空经济作为一种新兴的经济形态，逐渐成为推动区域经济增长的新引擎。青岛市凭借得天独厚的海洋资源和地理优势，致力于发展海洋低空经济，以期实现经济结构的转型升级和可持续发展。本文聚焦大数据背景下青岛市海洋低空经济的发展机理与机制，旨在探索这一新兴经济形态如何推动区域经济增长。本文通过 AHP 方法，识别出政策支持、技术创新、产业链协同和大数据治理等关键要素，并量化它们对海洋低空经济发展的影响程度。基于此，本文提出构建前瞻性政策体系支持与引导、强化相关技术创新和人才培养、协同推进产业协同与生态构建以及提升大数据治理与安全保障能力等发展建议。

关键词　海洋低空经济　区域经济　大数据　青岛市

引　言

（一）研究背景

现阶段，海洋低空经济作为新兴产业形态，正在全球范围内展现出

---

* 孙冕，青岛市综治中心工程师，主要研究方向为大数据工程、低空经济；齐元星，青岛市委政法委委员、市社会治安综合治理服务中心主任，主要研究方向为法学、低空经济。

巨大的发展潜力与经济价值。青岛市作为中国重要的沿海城市，凭借独特的地理位置、丰富的海洋资源和稳固的科技基础，成为海洋低空经济发展的先锋示范区。青岛市低空经济的规模持续扩张，结构不断优化，展现出强劲的增长态势，青岛市计划到2026年，低空经济产业规模将突破2000亿元，成为推动城市经济高质量发展的重要引擎。截至2024年，青岛市建成4座通用机场，包括即墨、平度、莱西和西海岸机场，另有3座通用机场建设正在推进中，这为低空经济的发展提供了坚实的基础设施支持。青岛在低空经济中的应用场景多元，已建设50余个无人值守全自动机场和26个无人机专业服务站点，覆盖通航制造、运营、维修及培训等多个环节，形成了完善的产业链条。青岛市作为国家级通用航空产业综合示范区，积极构建全域联动的产业格局，实现了海洋低空经济的有机融合与协同发展。通过打造智慧城市、智慧海洋等特色项目，青岛市将大数据技术应用于海洋科考、物流配送、应急救援等多个领域，提升了经济的智能化水平和可持续发展能力。在大数据背景下，青岛市海洋低空经济的发展得益于其强大的产业基础、先进的科技应用和积极的政策支持。本文研究青岛市海洋低空经济发展机理与机制，为海洋低空经济发展提供借鉴。

（二）研究意义

本文通过深入分析青岛市海洋低空经济的发展机理与机制，揭示了其在推动区域经济增长和产业结构优化中的关键作用。青岛市作为沿海重要城市，其低空经济的发展不仅带动了相关产业链的延伸，还促进了就业和收入增长，为区域经济的高质量发展提供了新动能。在大数据背景下，通过分析青岛市海洋低空经济在基础设施、产业布局、技术应用等方面的成功经验与挑战，可以为其他城市发展低空经济提供可借鉴的政策建议，促进低空经济的健康有序发展，提升政策的针对性和有效性。

（三）文献综述

产业发展机理与机制的研究历程反映了经济学和管理学领域对产业成长、产业结构优化及创新驱动的不断探索。Dunning 在国际化理论中探讨了企业如何通过跨国经营和资源配置优化，提升其在全球产业链中的地位和竞争力，促进产业的全球整合与协同发展。[①] Porter 指出，竞争战略理论强调企业在产业中的定位及其竞争优势，他提出五力模型，用于分析产业结构和竞争态势，奠定了现代产业分析的基础。[②] Barney 指出，资源基础理论强调企业内部资源和能力的独特性，认为这些资源是企业在产业中获得持续竞争优势的关键因素。[③] Teece 等提出动态能力理论，认为企业需要不断地重构其资源和能力，以适应快速变化的产业环境，实现长期竞争优势。[④]

近年来，低空经济作为一种新兴的综合经济形态，凭借其高成长性和广泛的应用前景，逐渐成为各地经济发展的重要驱动力。周钰哲指出，低空经济具有高产业成长性和长产业链条的特征，通过大数据优化要素配置，应完善政策法规、推动区域协同发展，以提升整体竞争力。[⑤] 张越和潘春星解析低空经济的内涵与特征，认为大数据在产业链优化和需求导向中起到关键作用，应加快核心技术研发，促进低空经济的全面发展。[⑥] 王康伟认为大数据在低空经济中能提升高科技含量和效

---

① J. H. Dunning, "The Eclectic Paradigm of International Production: A Restatement and Some Possible Extensions," *Journal of International Business Studies* 1 (1988): 11-31.

② M. E. Porter, *Competitive Strategy: Techniques for Analyzing Industries and Competitors* (New York: Free Press, 1990).

③ J. Barney, "Firm Resources and Sustained Competitive Advantage," *Journal of Management* 17 (1991): 99-120.

④ D. J. Teece, G. Pisano, A. Shuen, "Dynamic Capabilities and Strategic Management," *Strategic Management Journal* 18 (1997): 509-533.

⑤ 周钰哲：《低空经济发展的理论逻辑、要素分析与实现路径》，《东南学术》2024 年第 4 期。

⑥ 张越、潘春星：《低空经济的基本内涵、特征与产业发展逻辑》，《延边大学学报》（社会科学版）2024 年第 4 期。

率，建议完善政策支持，促进大数据与低空经济的深度融合，从而增强产业竞争力。[①] 唐秀华和李佩佳探讨宁波低空经济发展，指出应利用大数据优化产业结构，推动高质量发展，打造面向未来的“天空之城”。[②] 宋丹和徐政分析低空经济赋能高质量发展的内在逻辑，强调大数据在创新驱动和产业融合中的重要作用，并建议加强数据管理与技术应用。[③] 钱雷认为，科技创新型企业应借助大数据提升技术能力和市场竞争力，进而推动低空经济沿着高质量发展路径前进，实现产业的持续创新。[④] 大数据技术在优化低空经济产业链、提升资源配置效率、促进技术创新和产业协同方面发挥了关键作用。

（四）研究方法

（1）文献分析法。本文采用文献分析法，系统收集并整理了国内外关于低空经济、大数据应用及海洋经济发展的学术论文、政策文件、行业报告和案例研究，通过对青岛市在海洋低空经济领域的已有研究成果和实际应用情况进行深入梳理，分析其发展历程、现状及未来趋势。

（2）定性分析法。本文运用逻辑分析对青岛市海洋低空经济的发展机理与机制进行系统性的理论构建与分析，解析其在产业链、技术应用、政策环境等方面的内在联系，厘清青岛市在低空经济发展中各要素的互动与影响路径，为优化发展策略和提升产业竞争力提供指导。

（3）层次分析法（AHP）。本文利用 AHP 方法，构建了大数据背

---

① 王康伟：《我国低空经济产业发展现状、问题及对策研究》，《产业创新研究》2024 年第 15 期。

② 唐秀华、李佩佳：《宁波低空经济高质量发展的若干思考》，《浙江经济》2024 年第 8 期。

③ 宋丹、徐政：《低空经济赋能高质量发展的内在逻辑与实践路径》，《湖南社会科学》2024 年第 5 期。

④ 钱雷：《低空经济大发展下科技创新型企业高质量发展的方向与路径》，《流体测量与控制》2024 年第 4 期。

景下青岛市海洋低空经济发展要素的层次结构模型，并通过专家打分确定各要素间的相对重要性，通过计算特征向量和一致性检验得出各要素的权重，从而识别出影响海洋低空经济发展的关键因素。

（五）技术路线

本文的技术路线如图1所示。

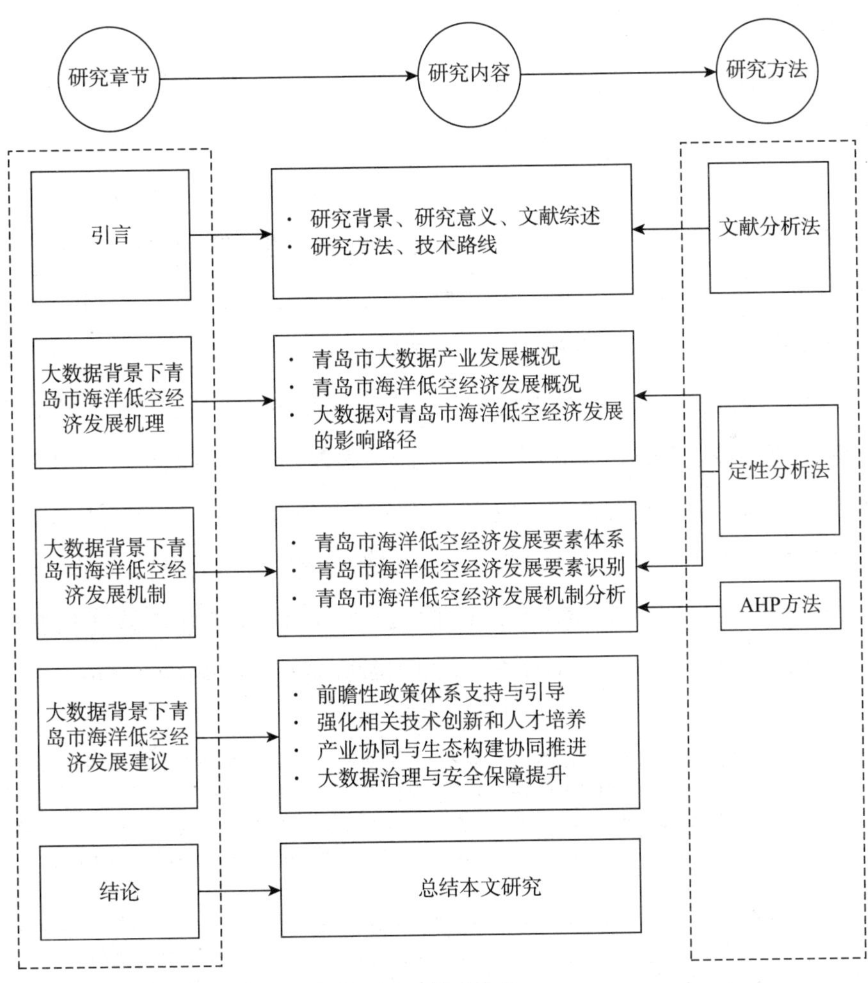

图1　技术路线

一　大数据背景下青岛市海洋低空经济发展机理

（一）青岛市大数据产业发展概况

近年来，青岛市大数据产业持续壮大。2021~2023年，青岛数字经济核心产业增加值连续三年增长超过20%，其规模占全省比重近30%。[①] 截至2024年底，青岛市建成开通国家级互联网骨干直联点，国际通信业务出入口局正式获工信部同意启动申建，5家算力中心上线运营，算力规模超2300P。在工信部备案的大中型数据中心有8个，标准机架突破5万架。[②] 海洋大数据交易服务平台交易额突破1803万元。[③] 青岛市71家企业启动数据资源入表工作，其中16家企业完成首批数据资源入表，总金额超8000万元。[④] 青岛市建成统一公共数据运营平台，已治理涉及20个领域的2亿余条高质量数据资源。[⑤] 青岛市在大数据产业发展中取得了显著成就，数字经济发展水平位居全国前列，青岛市数字经济核心产业规模在全省占比近30%。2023年青岛市成功入选《中国新型智慧城市（SMILE指数）百强排名》全国第9位，数字政府发展水平居全国333个城市第一梯队。2023年12月，数字青岛建设领导小组办公室印发《青岛市数据要素市场化配置改革三年行动方案》，力争到2026年数据要素市场规模超千亿元，挂牌交易数据产品不少于1000个，打造数据开发利用成果不少于1000项。

① 《青岛推动数实深度融合，数字经济核心产业连续三年增长超20%》，壹点网，https://ql1d.com/general/24811401.html，最后访问日期：2025年5月15日。

② 《2026年智能算力规模达1.2万P！青岛市人工智能产业规模持续扩大》，"青岛早报"百家号，https://baijiahao.baidu.com/s?id=1804250090348095153&wfr=spider&for=pc，最后访问日期：2025年5月15日。

③ 《青岛推动"数实"深度融合 为高质量发展插上"数字羽翼"》，同花顺财经网，http://news.10jqka.com.cn/20241009/c662216723.shtml，最后访问日期：2025年5月15日。

④ 《"掘金"数据要素》，雪球网，https://xueqiu.com/5542847600/300119491，最后访问日期：2025年3月10日。

⑤ 《青岛推动数实深度融合，数字经济核心产业连续三年增长超20%》，搜狐网，https://news.sohu.com/a/812194438_121218495，最后访问日期：2025年3月10日。

青岛市大数据产业具有数据治理完善、数据资产化、数据交易活跃和生态体系健全等显著特征。在数据治理方面，利用区块链、隐私计算等技术打造“数据保险箱”，实现数据的精准治理和高效管理。在数据资产化方面，已完成交通运输、医疗健康等12个领域49亿余条数据资源登记，16家企业通过数据资产化获得超过8000万元的融资支持。在数据交易方面，青岛大数据交易中心和海洋大数据交易服务平台推动了数据产品的多元交易，累计交易额超过9500万元，带动相关产业增加值超3亿元。青岛市率先建成数据要素产业园，聚集数字商超超80家，成立“公共数据运营全国统一大市场联盟”，构建跨行业数据要素发展共同体，形成了多层次、全方位的数据生态体系。①

（二）青岛市海洋低空经济发展概况

根据《青岛市促进低空经济高质量发展实施方案》，青岛市计划到2026年，低空经济产业规模将突破200亿元。② 当前青岛已建成4座通用机场，包括即墨、西海岸、莱西和平度机场。此外，崂山、胶州洋河、青岛公务机3座通用机场建设正在推进中，形成了覆盖通航制造、运营、维修及培训等多个环节的完整产业链。2023年，青岛市海洋生产总值达到5181.3亿元，同比增长6.5%，占青岛市地区生产总值的32.9%，占全国海洋生产总值的5.2%，列全国沿海同类城市第三位。③

---

① 《青岛推动“数实”深度融合，为高质量发展插上“数字羽翼”》，“第一风口”百家号，https://baijiahao.baidu.com/s?id=1811042371158584279&wfr=spider&for=pc，最后访问日期：2025年3月10日。

② 《青岛市人民政府办公厅关于印发青岛市促进低空经济高质量发展实施方案的通知》（青政办字〔2024〕35号），青岛政务网，http://www.qingdao.gov.cn/zwgk/zdgk/fgwj/zcwj/szfgw/202410/t20241010_8405739.shtml，最后访问日期：2025年3月10日。

③ 《青岛2023年海洋生产总值出炉 同比增长6.5%》，“大众日报”百家号，https://baijiahao.baidu.com/s?id=1794582569331990396&wfr=spider&for=pc，最后访问日期：2025年3月10日；《预计2024上半年海洋生产总值增长7.7%左右，青岛加快建设引领型现代海洋城市》，“观海新闻”百家号，https://baijiahao.baidu.com/s?id=1805525833872263868&wfr=spider&for=pc，最后访问日期：2025年3月10日。

在低空经济方面，青岛市引进并培育了包括远度智能在内的多家创新企业，完成了“青岛市政务低空一体化管控平台”的建设，并融入青岛云脑运行，确保技术与管理的前沿性。根据《青岛市促进低空经济高质量发展实施方案》，青岛市低空经济应用场景多样。[①] 截至2024年3月，青岛市已建设50余个无人值守全自动机场和26个无人机专业服务站点，支持各类飞行活动。[②] 2024年下半年以来，学习无人机驾驶人数急剧增加，同比增加30%~50%。[③]

青岛市海洋低空经济不仅在规模上迅速扩大，而且在技术创新、应用多样化及开放合作等方面展现出独特的优势与特征，成为全国乃至全球低空经济领域的重要参与者。一方面，青岛市充分利用其海洋资源与地理优势，将低空经济与智慧城市、智慧海洋深度融合，推动数字孪生城市、海洋科考及海岛物资运输等领域的创新应用。另一方面，青岛市在低空经济技术创新方面具备领先优势，拥有掌握全产业链关键技术的企业远度智能，其研发的“天瞳”飞行管控平台已实现多架无人机及直升机的协同管理，确保低空飞行的安全与高效。青岛市积极打造低空经济应用新场景，包括文旅、物流、载人客运等，推动无人机在农副产品快速配送、海上应急救援及环保监测等方面的广泛应用。在投资方面，青岛地铁集团联合多方设立了10亿元的产业投资基金，重点支持轨道交通、人工智能及低空经济等领域的发展，巩固其在低空经济中的先发优势。

（三）大数据对青岛市海洋低空经济发展的影响路径

大数据在推动青岛市海洋低空经济的发展中扮演着关键角色。通过

① 《青岛市人民政府办公厅关于印发青岛市促进低空经济高质量发展实施方案的通知》（青政办字〔2024〕35号），青岛政务网，http://www.qingdao.gov.cn/zwgk/zdgk/fgwj/zcwj/szfgw/202410/t20241010_8405739.shtml，最后访问日期：2025年3月10日。

② 《加速布局“天空之城”！青岛：智慧低空让城市治理更“立体”》，“观海新闻”百家号，https://baijiahao.baidu.com/s?id=1794357878080126183&wfr=spider&for=pc，最后访问日期：2025年3月10日。

③ 《同比超30%，青岛无人机考证“热”出天际》，新华网，http://www.sd.xinhuanet.com/20250318/f11d43820ffd45f5b9e95825de8266d5/c.html，最后访问日期：2025年5月15日。

整合和管理海洋大数据，可以显著提升无人机物流、海洋监测和应急响应的智能化和高效化水平，从而提高整个海洋低空经济的运营效率；大数据的资产化有助于提升企业的信用水平，增强其融资能力，进而推动飞行器技术的研发和创新应用，加快产业发展的步伐；通过构建数据产业园和合作平台，促进数据共享和流通，同时借助政策激励，可以推动市场扩展和产业协同创新，进一步促进海洋低空经济的繁荣。这些路径的共同特征是数据整合、智能化运营支持、数据资产化、技术创新驱动、数据共享以及政策激励，它们共同构成了推动青岛市海洋低空经济发展的多维影响路径（见表1）。

表1　大数据对青岛市海洋低空经济发展的影响路径

路径	内容	特征
大数据提升海洋低空经济运营效率	整合与管理海洋大数据，支持无人机物流、海洋监测和应急响应，显著提高运营的智能化和高效化水平	数据整合与智能化运营支持
大数据驱动海洋低空经济融资与创新	数据资产化可提升企业信用水平，增强融资能力，推动飞行器技术研发与创新应用，加快产业发展步伐	数据资产化与技术创新驱动
大数据促进海洋低空经济市场扩展与协同创新	构建数据产业园和合作平台，促进数据共享与流通，通过政策激励推动市场扩展和产业协同创新	数据共享与政策激励

1. 大数据提升海洋低空经济运营效率

青岛市凭借大数据的全面整合与高效治理优势，显著提升了海洋低空经济的运营效率和管理水平。青岛市已汇聚超过2200亿条公共数据，涵盖政务服务、医疗健康、交通运输等高频应用领域，支撑了189个部门262个系统的用数需求。特别是在海洋数据方面，依托青岛海洋科学与技术国家实验室等平台，青岛市汇聚了全球95亿条高质量海洋数据，总存储量超过50PB，占全国的比例约为25%。青岛市建成了统一公共数据运营平台，利用区块链和隐私计算技术打造“数据保险箱”，确保数据安全和隐私保护，已治理涉及市场监管、金融、医疗等20个领域的高质量数据资源超过2亿条。这些高质量的数据治理措施，为低空经济中的无人机物流、海洋监测、应急救援等应用提供了精准的数据支持，提升了运营的智能化和高效化水平。青岛大数据交易中心上架351个数据产品，场内交易额达7684.83万元，海洋大数据交易服务平台交易额突破1803万元，促进了数据在低空经济中的广泛应用和流通。[①]

2. 大数据驱动海洋低空经济融资与创新

青岛市通过推进数据资产化，为海洋低空经济的发展提供了坚实的金融支持和技术创新动力。2023年底，青岛市完成交通运输、医疗健康等12个领域49亿余条数据资源登记，推动了数据资源的资产化运作。全市71家企业启动了数据资源入表工作，其中16家企业完成入表，总金额超过8000万元。这些数据资产不仅提升了企业的信用评级，还为企业赢得了更多的融资机会。例如，青岛地铁集团依托数据资产增信，获得了金融机构授信额度6000万元；檬豆科技通过数据资产化，与16家金融机构联合打造的数据资产授信产品“檬豆贷”已服务超过100家企业，授信额度超5.2亿元。[②] 在技术创新方面，青岛市支持企业共建大模型实验室和公共训练基地，培育了一批大模型应用创新解决方案，加快了无人机、eVTOL等飞行器的研发和应用。

3. 大数据促进海洋低空经济市场扩展与协同创新

青岛市通过高效的数据整合与完善的生态系统，推动了海洋低空经济的市场扩展与协同创新，形成了良好的产业协同效应。青岛市率先建成数据要素产业园，聚集了超过80家数字商超，发起成立了包括39个地区和机构的“公共数据运营全国统一大市场联盟”，并组建了首批20

① 《青岛推动“数实”深度融合 为高质量发展插上“数字羽翼”》，同花顺财经网，http://news.10jqka.com.cn/20241009/c662216723.shtml，最后访问日期：2025年5月15日。

② 《青岛推动数实深度融合，数字经济核心产业连续三年增长超20%》，财经头条网，https://cj.sina.com.cn/articles/view/5328858693/13d9fee4502001yp38，最后访问日期：2025年3月10日。

余家单位参与的海洋大数据合作发展平台。[①] 这一行业生态系统的构建，打通了数据在不同产业和区域之间的流通渠道，促进了数据资源的高效利用和共享。青岛市通过政策引导，对被国家级“数据要素×”典型案例收录的企业给予项目投资额的30%作为奖励，同时对年度流通交易额排名前十的企业给予流通交易额的1%作为奖励，以此激励更多企业参与数据交易和应用，扩大市场规模和应用范围。

二　大数据背景下青岛市海洋低空经济发展机制

（一）青岛市海洋低空经济发展要素体系

大数据背景下青岛市海洋低空经济发展要素体系是一个全面、系统的框架，涵盖政策、创新、产业和大数据四个关键维度（见表2）。政策维度注重政策支持和制度保障，为产业发展创造有利环境。创新维度强调技术创新和人才培养，推动大数据在海洋低空领域的应用。产业维度关注产业链协同和生态系统构建，促进资源优化和跨产业融合。大数据维度重视大数据治理和大数据安全，确保数据质量和保护隐私。

表2　大数据背景下青岛市海洋低空经济发展要素体系

目标	维度	指标	指标内容
大数据背景下青岛市海洋低空经济发展要素体系	政策	政策支持	制定海洋低空经济战略规划，提供财政、税收等支持，利用大数据优化政策制定过程
		制度保障	完善相关法律法规，建立数据驱动的监管体系，确保公平透明的运营环境

① 《青岛建成全省首个数据要素产业园，引育数据商和第三方专业服务机构超过80家》，“新黄河”百家号，https://baijiahao.baidu.com/s?id=1802298853109447226&wfr=spider&for=pc，最后访问日期：2025年3月10日。

续表

目标	维度	指标	指标内容
大数据背景下青岛市海洋低空经济发展要素体系	创新	技术创新	建立大数据技术创新平台，推进大数据在海洋低空领域的应用研究和技术开发
		人才培养	开展大数据与海洋低空经济相关的专业教育，培养复合型人才，吸引高端人才
	产业	产业链协同	利用大数据促进产业链各环节深度协同，实现资源优化配置和高效协作
		生态系统构建	构建以大数据为核心的产业生态系统，推动跨产业融合，形成互利共赢的产业网络
	大数据	大数据治理	建立完善的数据治理框架，制定统一标准，确保数据质量和可用性
		大数据安全	实施多层次的数据安全策略，保护关键数据和隐私，建立应急响应机制

（二）青岛市海洋低空经济发展要素识别

1. 层次分析法

层次分析法（Analytic Hierarchy Process，AHP）是一种广泛应用的多准则决策方法，由美国运筹学家萨蒂于20世纪70年代提出。根据“A-B-C”体系选定评价者并按照赋值规则对重要性做出评价，主要参考解释能力与效果，按照不同的分析路径逐步分解。在本文中，A表示评价目标，u_{ij}表示因素，以此表示u_i对u_j的相对重要性，进而能以u_{ij}构成A-U判断矩阵P。AHP结构如图2所示。

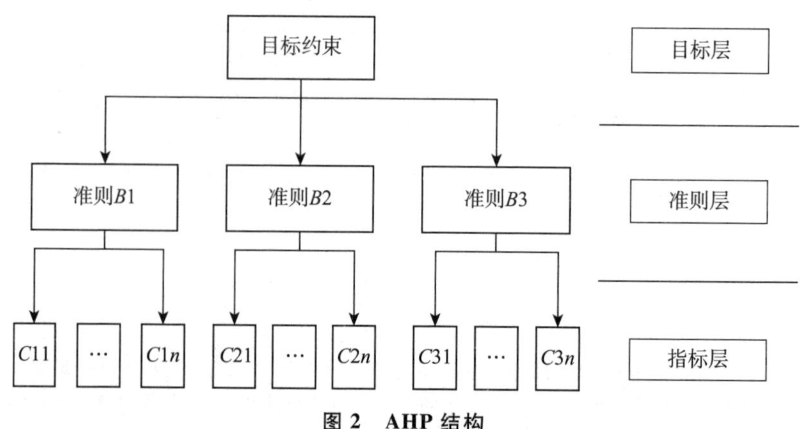

图2 AHP结构

专家根据其主观判断，使用1~9的尺度对每个因素进行比较，其中1表示两个因素的重要程度相同，9表示前一个因素比后一个因素极其重要（见表3）。判断矩阵的对角线元素为1，因为一个因素与自身的比较结果必然为1。

表3 判断矩阵赋值参照

数值	代表的含义
1	两个因素的重要程度相同
3	前一个因素比后一个因素稍微重要
5	前一个因素比后一个因素更加重要
7	前一个因素比后一个因素强烈重要
9	前一个因素比后一个因素极其重要
2、4、6、8	两个因素的重要程度介于相邻数值之间

根据评价分值建立指标权重向量，计算方法具体如下：

$$w_i = \frac{\left(\prod_{j=1}^{n} a_{ij}\right)^{\frac{1}{n}}}{\sum_{k=1}^{n}\left(\prod_{j=1}^{n} b_{kj}\right)^{\frac{1}{n}}} \tag{1}$$

权重向量为：$w=(w_1, w_2, w_3, \cdots, w_n)^T$。计算判断矩阵的最大特征根 λ_{max}，计算方法具体如下：

$$\lambda_{max} = \frac{1}{n}\sum_{j=1}^{n}\left(\frac{\sum_{j=1}^{n} b_{ij}w_j}{w_i}\right)_{max} \tag{2}$$

在AHP方法中，还可以通过计算各个方案相对于目标的一致性指标来确定最佳方案。计算方法具体如下：

$$CI = \frac{\lambda_{max} - n}{n - 1}, CR = \frac{CI}{RI} \tag{3}$$

一致性指标越小，表示方案相对于目标的一致性越高，也就是说该方案更符合决策者的目标。

2. 要素识别计算

本文汇总准则层权重分配原始数据如表 4 所示。

表 4 原始数据

维度	政策	创新	产业	大数据
政策	1.0000	1.1667	1.2500	1.5000
创新	0.8571	1.0000	1.2500	1.5000
产业	0.8000	0.8000	1.0000	1.3333
大数据	0.6667	0.6667	0.7500	1.0000

按照 AHP 框架将归一化的指标进行向量加权，均值化后得到的指标权重如表 5 所示。

表 5 指标权重

维度	政策	创新	产业	大数据	权重
政策	0.3009	0.3211	0.2941	0.2813	0.2993
创新	0.2579	0.2752	0.2941	0.2813	0.2771
产业	0.2407	0.2202	0.2353	0.2500	0.2366
大数据	0.2006	0.1835	0.1765	0.1875	0.1870

一致性指标 CR 求解过程如下：

$$\lambda_{max} = [\sum (Aw/w)]/n = 4.0044$$

$$RI = 0.89,\ n = 4$$

$$CI = (\lambda_{max} - n)/(n - 1) = (4.0044 - 4)/(4 - 1) = 0.0015$$

$$CR = CI/RI = 0.0015/0.89 = 0.0017$$

一致性指标 CR 小于 0.1 的参考标准，即指标权重排序是有效的。根据以上步骤，本文计算的底层指标权重结果如表 6 所示。

表 6　底层指标权重结果

指标	政策支持	制度保障	权重	*CR*
政策支持	0.5455	0.5455	0.5455	0.0000
制度保障	0.4545	0.4545	0.4545	0.0000
指标	政策支持	制度保障	权重	*CR*
技术创新	0.5294	0.5294	0.5294	0.0000
人才培养	0.4706	0.4706	0.4706	0.0000
指标	产业链协同	生态系统构建	权重	*CR*
产业链协同	0.5333	0.5333	0.5333	0.0000
生态系统构建	0.4667	0.4667	0.4667	0.0000
指标	大数据治理	大数据安全	权重	*CR*
大数据治理	0.5263	0.5263	0.5263	0.0000
大数据安全	0.4737	0.4737	0.4737	0.0000

基于以上计算分析，评价指标权重结果如表 7 所示。

表 7　要素指标权重汇总

指标	结论值（全局权重）	同级权重	上级
政策支持	0.1633	0.5455	政策
制度保障	0.1361	0.4545	
技术创新	0.1467	0.5294	创新
人才培养	0.1304	0.4706	
产业链协同	0.1262	0.5333	产业
生态系统构建	0.1104	0.4667	
大数据治理	0.0984	0.5263	大数据
大数据安全	0.0886	0.4737	

根据层次分析法得出的指标权重结果，政策支持以 0.1633 的权重居首位，表明在推动海洋低空经济发展中，政府的政策支持起着关键的作用。其次是技术创新（0.1467）和制度保障（0.1361），反映了创新

驱动和制度环境对产业发展的重要性；人才培养（0.1304）和产业链协同（0.1262）的权重相近，说明人才资源和产业链协同在发展过程中同等重要。生态系统构建（0.1104）的权重虽然相对较低，但仍占有一定比重，表明构建良好的产业生态系统对低空经济长远发展有积极影响；大数据治理（0.0984）和大数据安全（0.0886）的权重相对较低，但这并不意味着它们不重要，而是在当前发展阶段，其他因素可能更为重要。

（三）青岛市海洋低空经济发展机制分析

1. 海洋低空经济政策支持与制度保障机制

在大数据背景下，青岛市海洋低空经济的发展依托完善的政策支持与制度保障机制。首先，政府应制定针对海洋低空经济的战略规划，明确发展目标、重点领域及实施路径，通过政策引导，为产业提供明确的发展方向。政策支持不仅体现在财政资金的投入上，还包括税收优惠、融资支持以及市场准入等多方面，从而形成全方位的激励体系。[①] 其次，建立健全制度保障机制，是确保政策落地的重要环节，包括完善相关法律法规，规范海洋低空经济运营的各项标准，保障产业在一个公平、透明、有序的环境中运行。[②] 政府还需推动政务服务的数字化转型，利用大数据技术提升行政效率，简化审批流程，降低企业的经营成本，激发市场活力。

2. 海洋低空经济技术创新与人才培养机制

技术创新与人才培养是青岛市海洋低空经济持续发展的核心驱动力。大数据技术作为关键的创新驱动因素，通过数据采集、分析及应用，优化海洋低空经济的各个环节。建立专门的技术创新平台，整合科

① 赵非、王璜：《以数智化赋能“低空经济”腾飞崛起》，《通信企业管理》2024年第3期。

② 张嘉昕、许倩：《低空经济产业链发展的制约因素与优化对策研究》，《经济纵横》2024年第8期。

研机构、高校及企业资源，推动大数据技术在海洋低空经济中的应用研究，如无人机航线优化、海洋监测与管理等，提升产业的技术水平和创新能力。[①] 注重数据基础设施的建设，构建高效的数据共享与开放平台，促进海量数据的实时采集与分析，支持智能决策和精准管理。围绕大数据技术的发展，制定针对性的研发政策，鼓励企业加大研发投入，推动自主创新，形成具有自主知识产权的核心技术。

3. 海洋低空经济产业链协同与生态系统构建机制

在大数据的驱动下，青岛市海洋低空经济通过产业链协同与生态系统构建机制实现高效运作与可持续发展。利用大数据技术实现产业链各环节的深度协同，通过数据集成与共享，打破上下游的信息壁垒，促进企业间的合作与资源整合。海洋资源监测数据、运输物流数据以及市场需求数据的实时共享，能够提高供应链的响应速度和整体效率，降低运营成本。[②] 构建以大数据为核心的产业生态系统，涵盖生产、流通、销售及服务等各个环节，形成互利共赢的产业网络。大数据在生态管理中的应用，如环境监测、资源优化配置及风险预警，有助于实现海洋低空经济的智能化管理，提升生态环境的可持续性。[③] 在数据安全审核方面，通过构建多层次的数据安全防护体系，采用加密技术和访问控制机制，确保数据在采集、传输和存储过程中的安全性，同时建立数据审计和监控系统，防范潜在风险。在智能化管理方面，依托大数据和人工智能技术，构建智能管理平台，实现资源优化配置、风险预警和自动化监控，提升管理效率和决策水平，推动海洋低空经济向智能化、精细化方向发展。大数据导向的海洋低空经济产业协同机制结构如图 3 所示。

4. 海洋低空经济大数据治理与安全保障机制

大数据治理与安全保障机制（见表 8）是要确保数据的有效利用与安

① 欧阳桃花：《低空经济的技术创新与场景创新》，《人民论坛·学术前沿》2024 年第 15 期。

② 张公一、杨晓婧：《高质量发展视域下数字技术驱动低空经济发展的机制与路径》，《延边大学学报》（社会科学版）2024 年第 4 期。

③ 虞贞：《低空经济发展路径研究——以无锡为例》，《中国航务周刊》2024 年第 34 期。

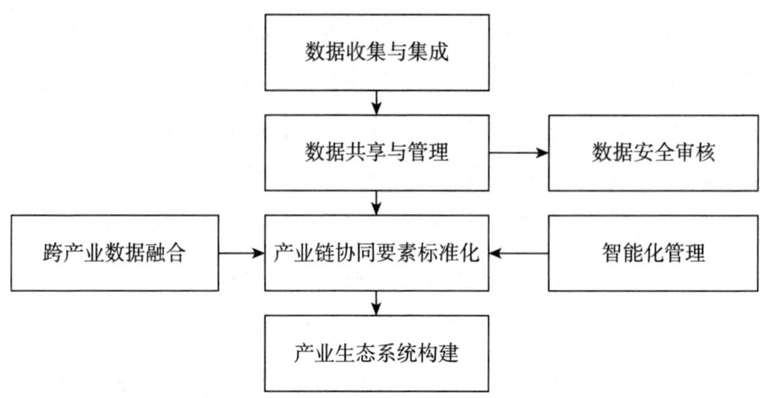

图3　大数据导向的海洋低空经济产业协同机制结构

全保护，从而赋能青岛市海洋低空经济的全面发展。建立完善的大数据治理框架，通过制定统一的数据标准和接口协议，实现不同数据源之间的互联互通，提升数据的整合能力和应用效率。同时，推动数据质量管理，确保数据的准确性、完整性和实时性，为企业的决策提供可靠的数据支持。加强数据安全保障，通过多层次数据安全策略和技术手段，保护海洋低空经济中的关键数据和敏感信息，包括数据加密、访问控制、入侵检测等，防范数据泄露、篡改和丢失等风险，确保数据在传输和存储过程中的安全。建立隐私保护与应急响应机制，在技术层面，部署数据脱敏、加密存储、差分隐私技术，实施最小权限访问控制，预设含数据泄露、勒索软件等场景的应急预案。在管理层面，设立专职数据保护官岗位，开展《个人信息保护法》合规审计，制定《数据处理安全白皮书》作为操作规范。

表8　大数据治理与安全保障机制

机制	内容	特征
数据治理框架建设	建立完善的大数据治理框架，规范数据的收集、存储、处理与使用，确保数据治理的规范性和透明度	规范化、系统化、标准化
多层次数据安全策略	实施数据加密、访问控制、入侵检测等多层次安全措施，保护关键数据和敏感信息，防范数据泄露、篡改和丢失等风险	综合性、层次化、前瞻性

续表

机制	内容	特征
隐私保护与应急响应	建立健全隐私保护机制，遵循法律法规，保障数据隐私权；构建大数据应急响应体系，快速应对安全事件	可靠性、合规性、响应性

三　大数据背景下青岛市海洋低空经济发展建议

（一）前瞻性政策体系支持与引导

青岛市应当制定全面且具前瞻性的政策支持体系，以促进海洋低空经济的发展。首先，政府可以设立专门的海洋低空经济发展基金，提供财政补贴和奖励，鼓励企业和科研机构在关键技术和创新项目上进行投资。同时，应当制定税收优惠政策，例如减免研发费用税、企业所得税等，降低企业的运营成本，提升其研发和创新的积极性。[①]青岛市应当明确海洋低空经济的相关标准和规范，确保行业在一个公平、有序的环境中运行，包括制定无人机运营管理条例、海洋数据使用规范等，规范行业行为，保障市场秩序。其次，在制度保障方面，青岛市可以建立知识产权保护机制，确保企业和科研机构的创新成果得到有效保护，防范技术泄露和侵权行为。同时，应当制定数据安全管理制度，规范数据的收集、存储和使用，保障企业和用户的数据隐私和安全。青岛市应当推动政府与企业、科研机构之间的协作，通过定期召开政策发布会、行业论坛和建立政策咨询委员会，促进各方的信息交流和资源共享，增强政策的适应性和灵活性。最后，政府应当鼓励国际合作，引进国外先进的管理经验和技术，提升本地海洋低空经济的国际竞争力。

① 明贵栋：《低空+海洋：两大经济形态擦出什么火花?》，《商业文化》2024 年第 17 期。

（二）强化相关技术创新和人才培养

青岛市应当通过系统性的技术创新和人才培养措施（见表9），充分发挥大数据技术在海洋低空经济中的驱动作用。首先，市政府可以支持建立高水平的技术研发中心，整合高校、科研机构和企业的资源，形成开放的创新生态系统。通过设立专项科研基金，支持关键技术的研发和创新，推动大数据在无人机航线优化、海洋环境监测、智能管理等领域的应用研究，促进技术突破和成果转化。其次，青岛市应当加大对大数据基础设施的投入，建设高效的数据采集、存储和处理平台，确保海洋低空经济相关的数据资源得到有效管理和利用。可以推动建设海洋大数据中心，整合各类海洋数据，实现数据的集中管理和高效分析，为企业和科研机构提供强有力的数据支持，促进智能决策和精准管理。最后，青岛市应制定全面的人才发展战略，专注于培养具备大数据分析能力、人工智能知识和海洋低空技术能力的复合型人才。同时，促进跨行业合作，举办技术交流活动，搭建合作平台，推动大数据与新兴技术的融合，催生创新应用和商业模式，增强海洋低空经济的竞争力。

表9 人才培养措施

措施	内容	实施
产学研一体化教育模式	与本地高校和职业教育机构合作，开设相关专业和课程	建立联合实验室和实训基地，开发适应产业需求的课程，组织联合培养项目
开展在职培训与技能提升	开展在职培训和技能提升项目，帮助现有从业人员掌握最新的大数据技术和行业应用	定期组织培训课程，邀请行业专家授课，提供线上线下培训资源
实施多层次人才激励政策	提供有竞争力的薪酬待遇、完善的职业发展路径和良好的工作环境，吸引和留住高端技术人才	制定有吸引力的薪酬福利体系，设计明确的职业晋升通道，简化人才引进流程

（三）协同推进产业协同与生态构建

青岛市应当充分利用大数据技术，推动海洋低空经济的产业协同与生态构建，实现高效运作和可持续发展。首先，市政府应当建立基于大数据的产业协同平台（相关措施如表 10 所示），整合海洋低空经济各环节的数据资源，促进上下游企业间的信息共享和资源整合。[①] 其次，青岛市应当推动大数据在产业生态构建中的广泛应用，打造智能化的产业生态系统，市政府可以利用大数据技术进行海洋低空经济的全面监测与管理，涵盖环境监测、资源评估和风险预警等方面，建立数据驱动的生态管理体系，实现对各环节的动态监控和智能调控，提升生态环境的可持续性和产业发展的协调性。[②] 最后，青岛市还可以鼓励跨行业的数据融合与协同创新，将大数据与智能制造、物联网技术相结合，推动海洋低空经济向智能化和高端化方向发展，开拓新的应用场景和市场空间，促进产业的多元化和高质量发展。

表 10　产业协同措施

措施	内容	实施
海洋低空经济产业合作联盟	利用大数据促进合作	政府牵头组建联盟
大数据合作基金与奖励	鼓励技术合作与资源共享	设立专项基金，评选资助
海洋低空经济大数据交流会	促进信息交流，增加合作机会	举办交流会，提供展示机会
大数据开放共享生态	建立开放共享的产业生态	建设平台，整合数据资源

① 刘佳星：《数字经济时代低空经济发展的新机遇与挑战分析》，《中国航务周刊》2024 年第 31 期。

② 葛金田、崔明焘：《山东省加快打造低空经济新高地的对策研究》，《科技经济导刊》2024 年第 4 期。

（四）提升大数据治理与安全保障能力

青岛市应当建立健全的大数据治理与安全保障体系（相关措施如表11所示），以确保大数据在海洋低空经济中的有效应用和安全使用，从而全面赋能产业的发展。政府可以制定全面的大数据治理框架，明确数据的生命周期管理，包括数据的收集、存储、处理、分析和应用等各个环节。青岛市应投资建立大数据驱动的入侵监测系统，全面监控相关网络，确保系统能够迅速响应并处理安全事件，使用数据清洗和验证技术提升数据的可信度和使用价值。

表11　大数据安全保障措施

措施	内容	实施
数据加密技术实施	在海洋低空经济的大数据环境中实施数据加密技术，保障敏感数据的安全性，防止数据泄露和篡改	市政府应推广先进的大数据加密技术，确保海洋低空经济关键数据在存储和传输过程中的加密处理
入侵检测与防御系统部署	部署基于大数据的入侵检测与防御系统，实时监控海洋低空经济的网络安全状况	青岛市应投资建立大数据驱动的入侵检测与防御系统，全面监控海洋低空经济相关网络
数据访问控制机制	建立基于大数据的严格数据访问控制机制，设置海洋低空经济数据的访问权限	市政府应实施大数据平台的访问控制策略，定义海洋低空经济数据的访问权限
数据质量评估与监控	利用大数据技术加强海洋低空经济数据的质量控制，确保数据的准确性、完整性和实时性	青岛市应建立基于大数据的数据质量评估机制，定期对海洋低空经济相关数据进行质量检测

结　论

青岛市海洋低空经济的发展机理在于大数据技术优化了产业链条，提升了资源配置效率，促进了技术创新和产业协同，通过数据驱动的智能化运营提高了物流、监测和应急响应的效率，推动了产业规模的快速扩大。大数据背景下青岛市海洋低空经济发展机制包括政策支持与制度保障、技术创新与人才培养、产业链协同与生态系统构建、大数据治理与安全保障，这些机制共同作用，为海洋低空经济提供了全方位的发展支持，确保了产业的健康发展和市场的持续扩展。本文建议青岛市加强政策引导和激励，加大技术创新投入，构建产学研用紧密结合的人才培养体系，推动产业链上下游协同发展，完善大数据治理框架，确保数据安全和隐私保护，以实现海洋低空经济的高质量发展。

（责任编辑：王圣）

海洋产业竞争力评价与对策

孟庆武*

摘　要　现代海洋产业体系是海洋强国建设的坚强支撑。为深入研究中国海洋产业发展和竞争力水平，本文选取中国 11 个沿海省份作为参考样本，结合《中国海洋统计年鉴》数据，构建了由 4 个一级指标、 11 个二级指标组成的海洋产业竞争力评价指标体系，利用熵权 TOPSIS 法对 2018 年、2019 年和 2020 年的海洋产业竞争力进行评价，并从合理配置资源、增强创新能力、优化海洋产业结构、重视海洋环境保护等方面提出对策建议。

关键词　海洋产业　竞争力　产业体系　熵权 TOPSIS 法

引　言

海洋是潜力巨大的资源宝库，海洋产业包括海洋渔业、海洋水产品加工业、海洋工程装备制造业、海洋油气业等多个大类。中国大陆海岸线绵长，总长度超过 1.8 万公里，岛屿岸线达到 1.4 万公里以上，另外还包含面积较大的主张管辖海域，总面积达到 300 万平方公里。随着近些年海洋产业的不断发展，国内的海洋产业体系也日益完善，海洋经济综合实力不断增强。2023 年国内海洋产业的数据显示，前三季度生产总值超过 70000 亿元，与全国 GDP 相比增速超过 0.6 个百分点，成为

---

* 孟庆武，山东社会科学院海洋经济文化研究院副院长、副研究员，主要研究方向为海洋产业。

国民经济的重要增长点。海洋是高质量发展的战略要地，也是未来发展的重要方向。经济发展对国家至关重要，党中央认为建设海洋强国势在必行，需要采取有效措施大力发展海洋经济。海洋有广阔的发展前景，能够有效带动国内经济增长，扩大内需，为粮食和能源提供安全保障，同时也能够促进新旧动能转换，实现社会的全面进步。作为蓝色国土，海洋有广阔的发展前景，海洋经济壮大势在必行，未来产业大有可为。海洋各产业之间相关性强，彼此相互作用，相互的驱动力不容忽视，各产业间有了千丝万缕的联系。经济产业的发展对于一个国家十分重要，而海洋产业能够起到促进共同发展的作用。强大的海洋产业竞争力是国内海洋产业在全球崛起的保障，提升海洋产业竞争力成为各界关注的目标，同时也是学者们研究海洋发展的热点。综观目前国内产业发展状况，产业结构转型是主要任务，而经济结构调整是关键所在，对于海洋产业来说同样如此，只有采取有效措施提高自身的竞争力，有力地带动沿海地区海洋经济发展，才能够与目前的发展热潮相契合。只有科学合理地评价海洋产业竞争力，才能认识到自身不足，提出有效的应对策略，指导未来的发展方向，实现最终的战略目标。

目前国外学者对于海洋产业的发展模式关注度较高，也取得了一系列研究成果，但在评估海洋产业竞争力方面存在不足。Kildow 和 Colgan 针对海洋产业进行研究，主要选择加利福尼亚的相关数据，统计其从业人数和产业产值，对工资水平等数据进行分析，其中包括国内和国际两方面。① 国内也有学者针对产业竞争力进行研究，也取得了一系列成果，但整体数量较为有限。殷克东和王晓玲针对国内沿海地区海洋产业情况进行研究，引入解释结构模型建立健全中国海洋产业竞争力评价体系，构建了“四维一体”的联合决策理论测度模型，在此过程中他们

① J. T. Kildow, C. S. Colgan, "The National Ocean Economics Program," Resources Agency, State of California, 2005.

使用了主客观相结合和 Kendall 一致性检验方法，得出了最终结论。[①] 刘大海等对中国沿海城市海洋竞争力进行研究，在此过程中引入了主成分分析法。[②] 孙才志等引入 Fuzzy 模型对比较优势和竞争优势进行分类，通过 NRCA 模型获得最终结果。[③] 康培元针对山东半岛海洋产业竞争力进行研究，采集数据并开展评价，该过程引入了主成分分析法。[④] 冯瑞敏等针对海洋产业竞争力进行研究，引入基础、潜力和科技实力三个海洋发展的重要元素，构建评价指标体系，引入因子分析法得到三大主因子的评价结果。[⑤] 也有一些学者是通过其他省份的数据获得结论。唐正康针对海洋产业竞争力进行研究，选择的是江苏省沿海的相关数据，跨度达到十年，引入偏离份额模型获得结论。[⑥] 赵维良和荆涛针对海洋产业竞争力进行研究，通过辽宁省的相关数据建立评价体系，选取的二级和三级指标分别有 8 个和 23 个，综合评价选择的是主客观相结合的方法，最终获取评价结果并在此基础上提出改进措施和建议。[⑦]

一 概念界定

（一）海洋产业

海洋产业内涵丰富，涉及多方面内容。澳大利亚学者 Hance D.

① 殷克东、王晓玲：《中国海洋产业竞争力评价的联合决策测度模型》，《经济研究参考》2010 年第 28 期。

② 刘大海、陈烨、邵桂兰等：《区域海洋产业竞争力评估理论与实证研究》，《海洋开发与管理》2011 年第 7 期。

③ 孙才志、韩建、杨羽頔：《基于 AHP-NRCA 模型的中国海洋产业竞争力评价》，《地域研究与开发》2014 年第 4 期。

④ 康培元：《海洋产业竞争力分析》，《青海金融》2014 年第 9 期。

⑤ 冯瑞敏、杜军、鄢波：《广东省海洋产业竞争力评价与提升对策研究——基于海洋经济综合试验区建设视角》，《生态经济》2016 年第 12 期。

⑥ 唐正康：《基于偏离份额模型的海洋产业结构分析——以江苏为例》，《技术经济与管理研究》2011 年第 12 期。

⑦ 赵维良、荆涛：《基于综合测度的辽宁海洋产业竞争力研究》，《中外企业家》2016 年第 1 期。

Smith 认为海洋环境的开发利用，能够广泛推动一个国家的经济发展。[①]国内学者张耀光认为，海洋产业是一个国家经济粗放式增长的重要推动力，海洋产业的有效发展能够带动诸多产业的诞生和成长，对很多产业的发展产生了辐射作用。[②] 与陆地产业不同，海洋产业包括直接和间接的海洋开发活动，涵盖范围较广，主要产业若与海洋生产和服务相关即属于此类，从渔业到海洋化学，从海盐生产到沿海旅游，甚至包括新兴的海洋生物医学都属于此类。海洋产业包含第一、第二和第三部门，与陆地部门具有一定的相似性，范围广，种类多，涉及多个维度。海洋产业包括如下部分：第一，产品和服务来自海洋，从中直接提取出来；第二，在海洋开发利用中需要一定的产品和服务，而生产这些产品或服务的产业也隶属于海洋产业；第三，所进行的活动与海洋空间相交织；第四，管理和研究工作围绕海洋学科展开。学者们对海洋产业进行研究并且赋予定义，但是彼此之间存在差异，目前尚未统一。本文针对海洋产业进行研究，认为它是一种直接或间接依赖海洋生产和提供海产品的产业，产业的发展催生了部门网络，彼此之间存在关联性，对国家的经济格局具有重大影响。

（二）产业竞争力

产业竞争力的概念是双重的，既包含比较维度，也包含系统维度。虽然产业是一个系统概念，但竞争力本质上是比较性的，反映了比较性的竞争程度。行业自然会面临比较和竞争，包括比较的内容和广度。比较内容以产业竞争优势为中心，比较广度以产业所在国家或地区为范围。从空间上看，产业竞争力可以分为两大类：国际竞争力和国内竞争力。国际竞争力是指在全球舞台上一国产业的竞争力，即某产业的国际

① H. D. Smith, *The Oceans: Key Issues in Marine Affairs* (GeoJournal Library, 2004).

② 张耀光：《长山群岛资源利用与经济可持续发展对策》，《辽宁师范大学学报》2004 年第 1 期。

竞争力。而国内竞争力则是区域内特定产业的竞争力，主要局限在国内市场或特定区域范围。本文对产业竞争力的探索是以特定区域内特定产业的竞争地位为基础的。从学术角度来看，很明显，产业竞争力的概念应该涵盖特定区域内产业之间的经济相互作用，涵盖一系列因素。它不仅提到单一行业的竞争力，还考虑到更广泛的影响，如市场力量、盈利能力、对相关行业的支持以及促进行业发展的其他要素。

（三）海洋产业竞争力

海洋产业竞争力的定义受到社会、经济和文化因素交叉影响，然而，在这些差异中，出现了一个共同的本质：竞争力取决于相对于竞争对手获得优越利益的能力，所有这些都在竞争优势和有限资源的约束下进行。更具体地说，在指定竞争领域内特定竞争实体相比于其他实体更具获利能力，即表明海洋产业区域竞争力强。针对海洋产业竞争力这一概念，学者们进行了研究并形成了不同观点，目前尚未统一。本文主要针对海洋产业竞争力进行研究，总结国内外的研究成果，提出自己的定义，即海洋产业通过对海洋生产要素和海洋资源的充分利用，通过海洋高新技术的成果转化及传统海洋生产方式的改造，不断推动海洋经济更快发展的能力。其实质是海洋产业的比较生产力，它不仅表现为直接的现代海洋产业生产规模，还表现为可预见未来的发展潜力，进而实现现代海洋产业的可持续发展。根据海洋产业的概念特征及产业竞争力理论，本文认为海洋产业竞争力是基础设施、生产要素、发展质量、产业发展水平的竞争力之和，是一个地区海洋产业发展所具备的综合实力，能从总体上衡量海洋产业发展水平的高低。

二　海洋产业竞争力机理分析

关于产业竞争力的研究，各国学者给出不同的见解。作为该领域研究的先驱者，哈佛大学教授迈克尔·波特有相对权威的观点，其《竞争战略》《竞争优势》《国家竞争优势》等学术著作以不断完善和扩展为特点，成为解读产业竞争力基础的“指南针”。波特框架的核心在于两个核心概念之间的关键区别：比较优势和竞争优势。比较优势是国际贸易的基本概念，涉及一个国家内不同行业所拥有的相对优势。它表明一个国家有能力生产相对于其他国家有优势的产品，并通过将其交换为相对劣势的产品来进行国际贸易。相反，竞争优势侧重于特定行业在不同国家的表现，成为该行业在特定国家背景下竞争力的“晴雨表”。1990年，波特在其代表作《国家竞争优势》中引入了颇具影响力的“钻石模型”，这是波特作品中的一个开创性工具。该模型提供了一个结构化框架，用于分析一个国家内特定行业的竞争力和优势。“钻石模型”包含六个关键要素：生产要素、市场需求、竞争环境、相关和配套产业（均为内生因素），以及机会和政府干预（均为外生因素）。生产要素作为工业生产的基石，涵盖劳动力数量和质量、基础设施等关键方面。市场需求是一个基本驱动因素，界定了行业产品或服务的需求程度，区分为国内和国际两个市场。国内激烈的竞争环境迫使企业提高生产效率，积极改革创新，降低生产经营成本，增强核心竞争力。相关和配套产业的概念强调了相关部门和供应商的重要性，特别是它们的竞争力和为重点产业发展提供关键支持的能力。波特巧妙地将这四个内生要素串联在一个菱形框架内，这些要素之间的和谐互动构成了行业竞争力的本质。除了这些内部动力，机会和政府干预这两个外生因素对产业竞争力也产生了相当大的影响。机会蕴藏着不可预见的“催化剂”，包括科学突破、外国政府的政策决定、地缘政治动荡和技术创新。政府干预包括监管政策、补贴和战略，可以深刻地塑造竞争动态。波特的开创性工作打破了传统范式，提供了将行业视为多层次生态系统的整体视角。在这个框架内，企业、行业和国家之间错综复杂的经济关系交织在一起，每一层都与其他层有着千丝万缕的联系。波特的理论框架将这些方面融合成一个统一的整体，促进了对管理国际竞争力的多种机制的详尽探索。这种综合方法使企业能够在更广泛的行业格局中进行内省评估，辨别相对优势和劣势，并制定发展战略、方案；在全国范围内，细致分析影响产业竞争力的因素，揭示产业竞争力的潜在优势和脆弱性，指导制定精准有力的产业政策。

三　海洋产业竞争力评价体系构建

（一）熵权 TOPSIS

TOPSIS 模型是以有限的评估对象与正负理想解之间的接近或远离程度为依据确定各评价对象的相对优劣，是系统工程中运用距离原理解决有限方案多目标决策分析问题的一种常用的数学模型。

1. 数据的无差异化处理

$$r_{ij} = \frac{x_{ij} - \min|x_{ij}|}{\max|x_{ij}| - \min|x_{ij}|} \tag{1}$$

式（1）中，i 指第 i 个评价指标；j 指第 j 个评价年份；x_{ij} 指 m 个评价指标、n 个年份构成的 $m \times n$ 的判断矩阵，其中 $i = 1, 2, \cdots, m$；$j = 1, 2, \cdots, n$。r_{ij} 是 x_{ij} 的规范值，可表示为 $R = (r_{ij})m \times n$。

2. 计算信息熵

$$H_i = -\mathrm{k}\sum_{j=1}^{n} f_{ij}\ln f_{ij} \tag{2}$$

式（2）中，f_{ij} 指的是第 j 个评价年份的第 i 个指标占据总指标的比重，k 指的是玻尔兹曼常数。

3. 确定指标权重值

$$W_i = \frac{1 - H_i}{m - \sum_{i=1}^{m} H_i} \tag{3}$$

式（3）中，$W_i \in [0, 1]$，而且 $\sum_{i=1}^{m} W_i = 1$。

4. 构建加权规范化决策矩阵

$$Z = (z_{ij})_{m \times n} Z_{ij} = W_i \times r_{ij} \tag{4}$$

5. 求正、负理想解

将已归一化的指标数值加权处理，从而构建同趋势化加权规范矩阵 Z，其中 Z^+ 为正理想解，Z^- 为负理想解。

$$Z^+ = \{\max_{1 \leqslant i \leqslant m} z_{ij},\ i = 1, 2, \cdots, m\} = \{z_1^+, z_2^+, \cdots, z_m^+\} \tag{5}$$

$$Z^- = \{\max_{1 \leqslant i \leqslant m} z_{ij},\ i = 1, 2, \cdots, m\} = \{z_1^-, z_2^-, \cdots, z_m^-\} \tag{6}$$

6. 计算欧式距离

$$D^- = \sqrt{\sum_{i=1}^{m} (Z_{ij} - Z_j^-)^2} (i = 1, 2, \cdots, m) \tag{7}$$

$$D^+ = \sqrt{\sum_{i=1}^{m} (Z_{ij} - Z_j^+)^2} (i = 1, 2, \cdots, m) \tag{8}$$

式（7）和式（8）中，D^+、D^- 分别表示各评价方案到正、负理想解的距离。

7. 计算理想解的贴近度

$$C_i = \frac{D^-}{D^+ + D^-} \tag{9}$$

式（9）中，C_i 为贴近度，即评价对象与正理想解间的距离，指评价目标与最优方案的接近程度。$C_i \in [0, 1]$，即接近 1 则该地区海洋产业竞争力强，$C_i = 1$ 表明已实现最优；如果接近 0 则表明竞争力弱，$C_i = 0$ 即处于失衡无序状态，需要进一步加强。

（二）构建海洋产业竞争力评价指标体系

目前，许多学者针对海洋产业竞争力评价指标体系进行研究，取得一系列成果。本文在坚持指标选取原则的基础上对其进行归纳和整理，最终获得表1的评价指标体系。

表1 海洋产业竞争力评价指标体系

总体层	系统层	指标层
海洋产业竞争力	基础设施	电力供应量
		供水总量
		海洋相关产业增加值
	生产要素	科研机构数
		R&D 人员
		科研机构 R&D 内部经费支出
	发展质量	海洋生产总值占地区生产总值比重
		科研机构申请课题数
		科研机构专利申请数
	产业发展水平	海洋生产总值
		产业结构高级化程度

（三）收集并处理数据

根据《中国海洋统计年鉴》和国家统计局网站的相关数据进行研究，若部分必要数据缺失或无法获得，可选择换算的方式进行处理，方法的选择要遵循科学合理性。比较样本来自山东省外的部分省份与海洋产业，共涉及10个样本。本文选择MATLAB软件处理上述数据，深入研究山东省海洋产业竞争力状况。

四 海洋产业竞争力评价分析

本文计算得到的2018~2020年指标权重如表2至表4所示。由2020年指标权重可以看出，科研机构R&D内部经费支出和R&D人员对海洋产业竞争力具有很大的影响，是相关性最强的指标，所起到的作用举足轻重。由此可见，海洋产业的发展离不开科技进步，后者所产生的推动作用可以有效地提升海洋产业竞争力。从基础设施来看，指标权重排序为海洋相关产业增加值>供水总量>电力供应量，即海洋相关产业增加值是影响海洋产业竞争力的关键因素，在所有指标中所占比重为9.93%。从生产要素来看，最重要的指标是科研机构 R&D 内部经费支出，R&D 人员次之，科研机构数影响最小。由此可见，科研机构 R&D 内部经费支出会明显影响海洋产业竞争力，在所有指标中所占比重达到15.37%。从发展质量来看，影响最大的指标为科研机构专利申请数，科研机构申请课题数次之，影响最小的则为海洋生产总值占地区生产总值比重。由此可见，对海洋产业发展质量影响最大的因素为科研机构专利申请数，在所有指标中占比 8.91%。从产业发展水平来看，指标权重排序为海洋生产总值>产业结构高级化程度，即海洋生产总值是影响海洋产业竞争力的重要因素，在所有指标中所占比重为 10.90%。

表 2　2018 年指标权重

总体层	系统层	指标层	权重	系统层权重
海洋产业竞争力	基础设施	电力供应量	0.0618	0.2406
		供水总量	0.0736	
		海洋相关产业增加值	0.1052	
	生产要素	科研机构数	0.0735	0.3122
		R&D 人员	0.1163	
		科研机构 R&D 内部经费支出	0.1224	
	发展质量	海洋生产总值占地区生产总值比重	0.0637	0.3125
		科研机构申请课题数	0.1229	
		科研机构专利申请数	0.1259	
	产业发展水平	海洋生产总值	0.0918	0.1347
		产业结构高级化程度	0.0429	

表 3　2019 年指标权重

总体层	系统层	指标层	权重	系统层权重
海洋产业竞争力	基础设施	电力供应量	0.0618	0.2212
		供水总量	0.0708	
		海洋相关产业增加值	0.0886	
	生产要素	科研机构数	0.0890	0.3181
		R&D 人员	0.1292	
		科研机构 R&D 内部经费支出	0.0999	
	发展质量	海洋生产总值占地区生产总值比重	0.0688	0.3151
		科研机构申请课题数	0.1176	
		科研机构专利申请数	0.1287	
	产业发展水平	海洋生产总值	0.1039	0.1456
		产业结构高级化程度	0.0417	

表 4　2020 年指标权重

总体层	系统层	指标层	权重	系统层权重
海洋产业竞争力	基础设施	电力供应量	0.0582	0.2270
		供水总量	0.0695	
		海洋相关产业增加值	0.0993	
	生产要素	科研机构数	0.0922	0.3920
		R&D 人员	0.1461	
		科研机构 R&D 内部经费支出	0.1537	
	发展质量	海洋生产总值占地区生产总值比重	0.0451	0.2211
		科研机构申请课题数	0.0869	
		科研机构专利申请数	0.0891	
	产业发展水平	海洋生产总值	0.1090	0.1599
		产业结构高级化程度	0.0509	

五　提升海洋产业竞争力的对策建议

（一）合理配置资源

中国海岸线广阔，沿海各省份海洋资源丰富。若要将资源优势转化为海洋产业发展优势，需要合理配置相关资源。第一，要结合区域资源禀赋，科学优化海洋空间规划，建立适宜当地海洋产业发展的资源配置机制。第二，要结合地区资源差异与产业基础，根据国家战略发展导向，进行区域差异化发展。强化省级统筹与跨区域合作，打破行政区划壁垒，从海洋强国战略建设出发，建立沿海省份海洋产业发展协调机制，实现海洋资源共享使用与海洋产业梯度布局。第三，要提升资源配置效率，创新设立资源产权制度，开展市场化资源配置方式。建立海洋资源储备制度，避免沿海资源过度开发，引入拍卖等市场化手段配置资源，提高海洋资源利用效率。

（二）增强创新能力

海洋产业发展离不开创新能力的提升，需要将二者结合起来形成源源不断的动力，才能够带动整个产业的发展。从目前沿海各省份情况来看，创新能力较强的省份，其海洋产业竞争力也相对较强。如何提高海洋科技创新能力是需要思考的问题，需要分别从内外部入手。科技创新人才是科技发展的源泉，可以对内加强培训，有效配置创新资源，使资金、人员和设施都能够满足需要，从而推动科技创新能力的提升；同时出台一系列政策给予鼓励，充分发挥科研机构的作用，积极地参与科技含量较高的科研项目。创新型人才的培养至关重要，同时需要调整政策来促进人才引进，加强国际交流，全面提升科技人员的综合素质，使从业人员能够满足实际需要。

（三）优化海洋产业结构

从目前国内沿海省份的实际情况来看，一些共性问题需要解决：海洋产业结构不合理首当其冲，新旧产业之间难以达到平衡。政府要对此有深入认识，充分发挥自身引导作用，在加大海洋产业发展力度的同时扶持具有优势的新产业，在政策上给予支持与帮助。新兴产业往往起步较晚，规模小于传统产业，从业人员少，需完善基础设施，加大人员投入等。

（四）重视海洋环境保护

良好的海洋生态环境是海洋产业可持续发展的关键，经济增长与环境保护本身并不相悖。近年来，中国从中央到地方建立了完善、科学的海洋环境管理制度，为科学治理海洋环境提供了制度依据，保障了各项治理工作的顺利进行。下一步，要加大海洋信息公开力度，充分发挥公共监管作用。第一，推广建立海洋生态补偿制度，探索海洋生态损害赔偿与修复基金制度，加速相关立法进程，强化法律约束。第二，推进绿色低碳转型，大力发展循环水养殖、生态养殖、渔光互补、海上风电等绿色低碳海洋产业，减少海洋产业碳排放。第三，加强海洋生态修复与监测，加大滨海湿地、珊瑚礁、红树林等海洋生态系统的修复力度，利用数字技术提高海洋生态监测能力和精准度，开展海洋生物多样性保护行动。

（责任编辑：鲁美妍）

中国海水养殖业绿色发展水平测度与评价分析

丁　锐　韩立民*

摘　要　海水养殖业是中国重要的海洋支柱产业之一。本文基于海水养殖业绿色发展的理论内涵，从经济发展、资源利用、技术进步、生态环境四个维度选取 17 个指标构建评价指标体系，运用层次分析法和熵值法的组合赋权法测算中国沿海各省（区、市）海水养殖业绿色发展指数。在此基础上，深入分析中国沿海 11 个省（区、市）海水养殖业绿色发展水平的时间和空间演变特征，并采用耦合协调度模型对中国及其三大海洋经济圈四大维度间的协调发展关系进行研究。结果表明：中国海水养殖业绿色发展水平呈明显的升高趋势，其中山东省、海南省和福建省较高，北部海洋经济圈绿色发展水平最高。在各地区海水养殖业绿色发展过程中，资源利用水平差异最大，经济发展和生态环境水平差异较大，技术进步差异最小。中国海水养殖业绿色发展内部耦合协调度经历了从上升到下降的过程。其中，经济发展与资源利用、经济发展与技术进步、资源利用与技术进步的耦合协调度较高，北部海洋经济圈总体协调水平最高，南部海洋经济圈最低。

关键词　海水养殖业　三大海洋经济圈　可持续发展　绿色发展

21 世纪是海洋的世纪，向海则兴、背海则衰，建设海洋强国是中国特色社会主义事业的重要组成部分。中国海域面积在世界上排名第

* 丁锐，中国海洋大学硕士研究生，主要研究方向为农业经济与管理；韩立民，中国海洋大学教授，博士生导师，主要研究方向为农业经济、海洋经济、渔业经济。

四，拥有18000多千米的大陆海岸线和300万平方千米的海域，渔业资源十分丰富。作为一个巨大的食物宝库，海洋水产品是中国动物蛋白的一大来源，具有重要的食物替代价值。[①] 一方面，为保证中国粮食和营养安全，将目光投向海洋，深入挖掘海洋在食物供给方面的巨大贡献潜力，能够很好地缓解中国陆域资源与生态环境的压力，满足国民不断升级的消费需求。[②] 另一方面，自党的十八大提出建设海洋强国以来，中国海洋经济取得了瞩目的成绩。党的十九大报告提出推进中国经济高质量发展的要求，这正是促进海洋经济高质量发展的核心要义。

然而，中国管辖海域的渔业资源长期处于被过度捕捞的状态，尽管海洋捕捞产量从2003年的1432.31万吨下降到2020年的947.41万吨，但仍然超过最大可捕捞量的限度，使中国海洋捕捞压力持续增大、渔业资源不断衰退。[③] 近年来，为缓解海洋渔业资源衰退的压力，中国开始实施“零增长制度”、伏季休渔制度、双控制度等海洋渔业制度，大力倡导发展资源养护型海洋渔业。根据历年《中国渔业统计年鉴》，自2006年开始，海水养殖产量超过海洋捕捞产量，并且差值越来越大，2020年中国海水养殖产量为2135.31万吨，海水养殖在海洋渔业中的占比达到69.27%。由此可见，未来海产品将逐渐发展成以海水养殖为主、以海洋捕捞为辅的生产模式。[④] 2019年，农业农村部等部门联合印发《关于加快推进水产养殖业绿色发展的若干意见》，提出要

---

① 韩立民、李大海：《“蓝色粮仓”：国家粮食安全的战略保障》，《农业经济问题》2015年第1期。

② 于会娟、牛敏、韩立民：《我国“蓝色粮仓”建设思路与产业链重构》，《农业经济问题》2019年第11期。

③ 翟璐、刘康、韩立民：《我国“蓝色粮仓”关联产业发展现状、问题及对策分析》，《海洋开发与管理》2019年第1期。

④ 丁锐、殷伟、王晨等：《“蓝色粮仓”对中国食物营养的贡献及预测研究》，《世界农业》2023年第3期。

坚持新发展理念，推动水产养殖业绿色发展。2022 年，生态环境部、农业农村部出台《关于加强海水养殖生态环境监管的意见》，点明了促进中国海水养殖业绿色发展的具体要求。可见，海水养殖业绿色发展是保障资源节约和产品质量安全的关键所在，更是中国渔业可持续发展的关键方向。

判断海水养殖业的绿色发展水平，需要有合理的测度方法。现有文献中，杨正勇等从经济发展、投入以及环境污染方面选取指标，构建了中国海水养殖业绿色发展评价指标体系，并运用 Super-SBM 模型进行测度①；岳冬冬等从资源节约、空间拓展、环境友好和产品绿色四个维度构建绿色发展评价指标体系，并对 2019 年中国海水养殖业实际情况开展应用性评价②；袁蓓则从养殖质量、市场效率、产业调整及绿色支持四个维度构建了评价指标体系，运用改进 CRITIC 赋权法、k-means 聚类法和对应分析，研究了中国海水养殖业绿色发展总体状况③；仇荣山等运用变异系数法、障碍度模型，深入分析了中国海水养殖业绿色发展的区域差异和主要障碍因素④。

目前，海水养殖业绿色发展的研究成果多集中在内涵界定和方向预测上，缺少具有客观实践意义的应用研究。⑤ 本文在借鉴相关研究成果

① 杨正勇、刘东、彭乐威：《中国海水养殖业绿色发展：水平测度、区域对比及发展对策研究》，《生态经济》2021 年第 11 期。

② 岳冬冬、吴反修、方海等：《中国海水养殖业绿色发展评价研究》，《中国农业科技导报》2021 年第 6 期。

③ 袁蓓：《我国海水养殖业绿色发展评价指标体系构建与实证》，《海洋经济》2022 年第 6 期。

④ 仇荣山、韩立民、殷伟：《中国海水养殖业绿色发展评价与时空演化特征》，《地理科学》2023 年第 10 期。

⑤ 江忠溪：《漳州市海水养殖业现状及发展对策》，《中国水产》2008 年第 2 期；陈雨生、房瑞景、乔娟：《中国海水养殖业发展研究》，《农业经济问题》2012 年第 6 期；操建华、桑霏儿：《水产养殖业绿色发展理论、模式及评价方法思考》，《生态经济》2020 年第 8 期；强朦朦、沈满洪：《我国海水养殖业生产风险的评估与分区》，《中国农业大学学报》2020 年第 11 期；张懿、纪建悦：《中国海水养殖产业绿色全要素生产率分解及影响因素分析》，《科技管理研究》2022 年第 3 期；秦宏、张莹、卢云云：《基于 SBM 模型的中国海水养殖生态经济效率测度》，《农业技术经济》2018 年第 9 期。

的基础上，深度思考与海水养殖业绿色发展息息相关的各种影响因素和指标，最终从经济发展、资源利用、技术进步、生态环境四个维度综合选取17个指标，采用层次分析法和熵值法进行组合赋权，在一定程度上弥补了单一算法测算指数的不足。另外，为研究中国海水养殖业的区域集聚特征，本文分别从全国和三大海洋经济圈四个方面进行评价分析，为地区间相互借鉴发展经验、因地制宜规划未来产业绿色发展方向提供新思路。

一　海水养殖业绿色发展理论内涵与指标体系构建

（一）海水养殖业绿色发展理论内涵

党的十九大报告提出，新时代“我国社会主要矛盾已经转化为人民日益增长的美好生活需要和不平衡不充分的发展之间的矛盾”，在海水养殖业中表现为满足人民对优质海产品的需求同海洋生态环境保护之间的矛盾。解决矛盾需要从实际问题出发，当前中国养殖环境面临污染和挤压的双重考验。缓解近岸养殖区域的资源环境压力，优化中国海洋开发空间结构，促进海水养殖业绿色发展，既迫在眉睫，又是有效实现产业增长的关键所在。①

海水养殖业绿色发展是指将海域生态环境容量和资源承载能力置于首要位置②，而不是一味追求产业经济的增长，这要求在产业经营中运用先进的管理理念、技术设备、科技手段以及严格的法律法规管制，形成生产效率高效、生态环境友好、产品质量优良的新发展模式，助推海水养殖业健康可持续发展。具体来看，海水养殖业绿色发展主要包括以下几个方面。①在经济发展方面，海水养殖业运营的目的是获取经济效

① 蒋南平、向仁康：《中国经济绿色发展的若干问题》，《当代经济研究》2013年第2期。

② 成圆、陈新军、赵奇蕾：《中国近海海洋渔业绿色发展探析——基于资源经济学视角》，《海洋湖沼通报》2022年第2期。

益。海水养殖业绿色发展的内涵要求不仅追求高质量发展，还要实现经济效益，这样才能为生态效益的实现奠定基础，为产业规模扩大、产业转型升级提供原动力。②在资源利用方面，绿色发展是海水养殖业发展的基础。一方面，提高产业中生产要素的投入产出效率能够节约资源，这是绿色发展的必然要求；另一方面，在近海水域资源空间有限的情况下，向深远海拓展养殖空间能有效促进资源的合理配置和高效利用。③在技术进步方面，海水养殖业技术普及程度、人才比例、机械化程度等影响产业的科技创新、装备创新以及模式创新能力。因此，技术进步是海水养殖业绿色发展的保障，有助于提高产业效能。④在生态环境方面，绿色发展水平能直接衡量地区海水养殖业环境友好程度。减小产业发展过程中对海域环境的负面影响既是绿色发展的前提条件，又能正向促进产业可持续发展的良性循环。

基于此，本文将海水养殖业绿色发展定义为，在绿色发展观的引领下，以海水养殖业绿色技术进步为基本前提、以保护生态环境为内在要求、以资源利用为核心动力、以经济发展为主要任务的海水养殖业可持续发展模式。

（二）海水养殖业绿色发展指标体系构建

海水养殖业绿色发展是指通过制定海水养殖绿色发展规划、标准，创新绿色发展技术、体制机制等内容，实现人、养殖活动与海洋环境的和谐共处。因此，在选择维度时，要兼顾经济、政策、资源、环境、技术等各方面因素的影响。本文以国内外学者的研究为基础，在经济发展、资源利用、技术进步与生态环境四个维度选取了 17 个指标来构建评价指标体系，各维度涵盖指标如表 1 所示。

在经济发展维度，产值衡量海水养殖业整体规模与经济贡献，是绿色发展的物质基础。渔民人均收入体现发展成果惠及从业者的程度，关乎民生福祉与社会可持续性。实际劳均产值反映生产效率，是提升产业竞争力和优化资源配置的关键。海水养殖业占渔业经济总产值比重表征其结构性地位，比重越高，意味着其绿色发展对整个渔业可持续性的影响越大。

在资源利用维度，单位面积产量直接衡量有限海域空间资源的产出效率，是内涵式增长的核心。海水养殖业产品加工能力评估产业链延伸程度，延伸程度高，能够提升海水产品附加值并减少鲜活产品损耗，从而提高资源整体利用率。劳动生产率反映劳动力要素的利用效能。深水网箱单位水体产量则主要体现集约化的、拓展深远海空间的新型养殖模式对水体资源的利用效率，代表突破资源瓶颈的创新方向。

在技术进步维度，技术推广经费投入保障绿色技术（如良种、病害防控、环保技术等）的落地应用。培训强度与从业者素质相关，是技术吸收与创新的基础。机械化程度越高，海水养殖业生产精准度越高，越能减少环境影响并提升效率。深水网箱发展和工厂化养殖发展程度则直接衡量两种关键绿色技术模式的普及水平，前者利用深远海环境优势减轻近岸压力，后者通过设施化与循环水技术实现高度环境可控与资源节约，二者共同代表产业技术升级的深度与方向。

在生态环境维度，污染与病害造成的海水养殖业产品数量损失直接量化环境退化和生态失衡对海水养殖产业造成的经济损失，是环境不可持续的显性后果与产业韧性的反向指标。而单位养殖面积氮、磷排放量精准度量养殖活动（主要是产生的残饵、粪便）对海洋环境施加的营养盐污染负荷强度，是评估环境足迹、控制面源污染、保护海洋生态健康最核心的约束性指标。

二　研究方法与数据来源

（一）研究方法

1. 层次分析法

判断矩阵表示本层指标对上一层指标的相对重要性。本文针对四个维度，邀请10位相关领域的专家采用Saaty九标度法逐一进行对比判断[①]，判断矩阵 $A=(a_{ij})n\times n$ 的元素 a_{ij} 是指第 i 行指标对第 j 列指标的重要性赋值，其中 n 为指标的个数。

$$A=(a_{ij})_{n\times n}\begin{pmatrix} a_{11} & a_{12} & \cdots & a_{1n} \\ a_{21} & a_{22} & \cdots & a_{2n} \\ \vdots & \vdots & & \vdots \\ a_{n1} & a_{n2} & \cdots & a_{nn} \end{pmatrix},\ a_{ij}>0,\ a_{ij}=\frac{1}{a_{ji}},\ (i,\ j=1,\ 2,\ \cdots,\ n) \quad (1)$$

2. 熵值法

在信息论中，熵是一种对不确定性的度量。信息量越大，不确定性越小，熵越小；信息量越小，不确定性越大，熵也越大。熵值法就是通过计算熵值判断指标的离散程度，离散程度越大说明该指标对综合评价的影响越大，反之则越小。本文采用熵值法对各维度下的指标进行赋权，一方面能深刻反映指标的区分，增强研究结果的稳健性[②]；另一方面能降低人为主观性带来的结果偏差，使综合评价指数更加科学、准确。熵值法原理如下。

（1）数据的标准化处理：除生态环境维度的4个指标为负向指标，其余均为正向指标。假设有 m 个评价对象，n 个评价指标，x_{ij} 为第 i 个评价对象第 j 个评价指标的数值，$i=1,\ 2,\ \cdots,\ m$；$j=1,\ 2,\ \cdots,\ n$。

正向指标：

$$X_{ij}=\frac{x_{ij}-\min(x_{ij})}{\max(x_{ij})-\min(x_{ij})} \quad (2)$$

负向指标：

$$X_{ij}=\frac{\max(x_{ij})-x_{ij}}{\max(x_{ij})-\min(x_{ij})} \quad (3)$$

① 刘云菲、李红梅、马宏阳：《中国农垦农业现代化水平评价研究——基于熵值法与TOPSIS方法》，《农业经济问题》2021年第2期。

② 郝辑、张少杰：《基于熵值法的我国省际生态数据评价研究》，《情报科学》2021年第1期。

（2）计算第 i 个评价对象第 j 个指标的比重 P_{ij}：

$$P_{ij} = \frac{X_{ij}}{\sum_{i=1}^{m} X_{ij}} \tag{4}$$

（3）计算第 j 个指标的熵值 H_j：

$$H_j = -\frac{1}{\ln m}\sum_{i=1}^{m} P_{ij}\ln(P_{ij}) \tag{5}$$

（4）计算各项指标熵值的冗余度 D_j：

$$D_j = 1 - H_j \tag{6}$$

（5）计算第 j 个指标的熵权 W_j：

$$W_j = \frac{D_j}{\sum_{j=1}^{n}(1 - H_j)} \tag{7}$$

综上所述，本文利用 Stata 15.1 软件直接完成熵值法的计算，参考相关文献①，最终得到各维度指标的权重结果，具体如表 1 所示。

表 1　中国海水养殖业绿色发展评价指标体系说明

目标	维度	指标（单位）	指标解释与计算	指标类型	指标权重	维度权重
海水养殖业绿色发展	经济发展	产值（亿元）	地区海水养殖业总产值	正向	0.0794	0.1760
		渔民人均收入（元）	地区渔民人均收入	正向	0.0337	
		实际劳均产值（万元）	海水养殖业总产值/海水养殖专业从业人员数	正向	0.0358	
		海水养殖业占渔业经济总产值比重（%）	海水养殖业总产值/渔业经济总产值	正向	0.0271	

① 郑珍远、刘婧、李悦：《基于熵值法的东海区海洋产业综合评价研究》，《华东经济管理》2019 年第 9 期；赵卉心、孟煜杰：《中国城市数字经济与绿色技术创新耦合协调测度与评价》，《中国软科学》2022 年第 9 期。

续表

目标	维度	指标（单位）	指标解释与计算	指标类型	指标权重	维度权重
海水养殖业绿色发展	资源利用	单位面积产量（吨）	海水养殖产量/海水养殖面积	正向	0.0620	0.2847
		海水养殖业产品加工能力（吨/年）	水产品加工能力×（海水养殖产量/水产品产量）	正向	0.0418	
		劳动生产率（吨/人）	海水养殖产量/海水养殖业专业从业人员数	正向	0.0343	
		深水网箱单位水体产量（吨）	深水网箱产量/深水网箱面积	正向	0.1466	
	技术进步	技术推广经费（包括人员经费、公共经费与项目经费）（万元）	水产技术推广经费×（海水养殖专业从业人员数/海洋渔业养殖专业从业人员数）	正向	0.0394	0.3299
		培训强度（人）	各地区渔民技术培训人数×（海水养殖专业从业人员数/海洋渔业养殖专业从业人员数）	正向	0.0440	
		机械化程度（瓦/公顷）	海洋机动渔船（养殖渔船）年末拥有量/海水养殖面积	正向	0.0324	
		深水网箱发展程度（%）	深水网箱产量/海水养殖产量	正向	0.1245	
		工厂化养殖发展程度（%）	工厂化养殖产量/海水养殖产量	正向	0.0897	
	生态环境	污染造成的海水养殖业产品数量损失（包括赤潮）（吨）	污染造成的水产品数量损失×（海水养殖产量/水产品产量）	负向	0.0303	0.2094
		病害造成的海水养殖业产品数量损失（吨）	病害造成的水产品数量损失×（海水养殖产量/水产品产量）	负向	0.0164	
		单位养殖面积氮排放量（g）	海水养殖业总氮排放量/海水养殖面积	负向	0.0875	
		单位养殖面积磷排放量（g）	海水养殖业总磷排放量/海水养殖面积	负向	0.0752	

3. 耦合协调度分析法

耦合度一般用来衡量两个或两个以上系统间相互作用关系的强弱，协调度一般用来度量系统间协调程度。① 通过构造耦合协调度模型可测算系统间的耦合度和协调度。具体计算公式如下：

$$C = \sqrt[\frac{1}{4}]{\frac{U_1 \times U_2 \times U_3 \times U_4}{U_1 + U_2 + U_3 + U_4}} \tag{8}$$

$$T = aU_1 + bU_2 + cU_3 + dU_4 \tag{9}$$

$$D = \sqrt{C \times T} \tag{10}$$

其中，U_1、U_2、U_3、U_4 分别表示海水养殖业四个维度绿色发展指数；C 为耦合度，$C \in (0, 1)$，该值越大说明系统间的相互作用越大；D 为耦合协调度，$D \in (0, 1)$，该值越大说明系统间的协调程度越高；T 为四个维度的协调度；a、b、c、d 分别为四个维度的权重系数。本文参照相关研究成果，并结合相关研究情况，将耦合协调度 D 划分为 4 种类型：$0<D\leqslant 0.3$（严重失调）、$0.3<D\leqslant 0.5$（濒临失调）、$0.5<D\leqslant 0.8$（基本协调）、$0.8<D<1.0$（高度协调）（见表 2）。

表 2　海水养殖业绿色发展耦合协调类型

耦合协调类型	严重失调	濒临失调	基本协调	高度协调
耦合协调度	0.0~0.3	0.3~0.5	0.5~0.8	0.8~1.0

（二）数据来源

本文的研究对象是中国沿海 11 个省（区、市）（天津市、河北省、辽宁省、上海市、江苏省、浙江省、福建省、山东省、广东省、广西壮族自治区和海南省），选取的指标数据主要来源于《中国渔业统计年鉴》（2004~2021 年）、《中国统计年鉴》（2004~2021 年）；各养殖品种产污系

① 余永琦、王长松、彭柳林等：《基于熵权 TOPSIS 模型的农业绿色发展水平评价与障碍因素分析——以江西省为例》，《中国农业资源与区划》2022 年第 2 期。

数来源于《第一次全国污染源普查：水产养殖业污染源产排污系数手册》。需要说明的是，依据《2020 中国渔业统计年鉴》附录中的规定，本文中的海水养殖产品包括鱼类、甲壳类（虾、蟹）、贝类、藻类和其他类。

三　中国海水养殖业绿色发展水平测度与评价结果分析

（一）中国海水养殖业绿色发展时间演变特征

根据中国海水养殖业绿色发展综合评价模型，运用层次分析法与熵值法分别计算各个维度与各个指标的权重，最后得出中国三大海洋经济圈各省（区、市）海水养殖业绿色发展指数（见表 3）。为分析不同区域间的集聚情况，本文将海水养殖 11 个省（区、市）分为三大海洋经济圈，分别为北部海洋经济圈（天津市、河北省、辽宁省和山东省）、东部海洋经济圈（上海市、江苏省和浙江省）和南部海洋经济圈（福建省、广东省、广西壮族自治区和海南省）。

表 3　2003~2020 年中国及其三大海洋经济圈各省（区、市）海水养殖业绿色发展指数

地区	绿色发展指数							7 年均值
	2003 年	2006 年	2009 年	2012 年	2015 年	2018 年	2020 年	
山东	0. 2644	0. 3611	0. 3680	0. 3822	0. 4370	0. 4532	0. 4544	0. 3886
海南	0. 2414	0. 3788	0. 3564	0. 3530	0. 3663	0. 3880	0. 3891	0. 3533
福建	0. 2541	0. 2566	0. 2929	0. 3471	0. 3840	0. 3940	0. 3839	0. 3304
江苏	0. 2631	0. 2935	0. 2916	0. 3422	0. 3638	0. 3646	0. 3771	0. 3280
广东	0. 2830	0. 2611	0. 3032	0. 3459	0. 3316	0. 3736	0. 3578	0. 3223
辽宁	0. 2452	0. 2940	0. 3086	0. 3222	0. 3541	0. 3640	0. 3727	0. 3230
天津	0. 2606	0. 2433	0. 2903	0. 3100	0. 3257	0. 3384	0. 3651	0. 3048
河北	0. 2515	0. 2671	0. 2909	0. 2896	0. 3013	0. 3106	0. 3286	0. 2914
浙江	0. 2422	0. 2502	0. 2657	0. 2736	0. 2875	0. 3126	0. 3185	0. 2786
广西	0. 2046	0. 2163	0. 2520	0. 2740	0. 2453	0. 2553	0. 2709	0. 2455

续表

地区	绿色发展指数							7年均值
	2003年	2006年	2009年	2012年	2015年	2018年	2020年	
上海	0.2037	0.2171	0.2346	0.2433	0.2462	0.2513	0.2770	0.2390
全国	0.2467	0.2763	0.2958	0.3167	0.3311	0.3460	0.3541	0.3095
北部海洋经济圈	0.2554	0.2914	0.3145	0.3260	0.3545	0.3665	0.3802	0.3269
东部海洋经济圈	0.2363	0.2536	0.2640	0.2864	0.2991	0.3095	0.3242	0.2819
南部海洋经济圈	0.2458	0.2782	0.3011	0.3300	0.3318	0.3527	0.3504	0.3129

资料来源：根据中国海水养殖业绿色发展水平得分整理所得。

由图1可知，2003~2020年，中国及其三大海洋经济圈海水养殖业绿色发展指数均呈明显增长趋势，且大体上，北部海洋经济圈和南部海洋经济圈高于全国平均水平，东部海洋经济圈低于全国平均水平。中国海水养殖业绿色发展指数由2003年的0.2467增长到2020年的0.3541，增长了43.53%，说明中国海水养殖业在增加“量”的同时，也注重“质”的提升。北部海洋经济圈凭借海域地理位置优越、产业基础扎实、基础设施完备、结构调整优化等优势，海水养殖业绿色发展水平长期处于领先地位，绿色发展指数由2003年的0.2554增长到2020年的0.3802，增长48.86%。其次是南部海洋经济圈，由2003年的0.2458增长到2020年的0.3504，其中在2007~2010年增长速度明显加快且于2010年高于北部海洋经济圈，但后续绿色发展动力不足，呈现波动增长态势。其总体上绿色发展水平比北部海洋经济圈略低的原因是，工厂化养殖规模较小，组织化程度低，养殖空间布局不够合理，粗放式经营导致环境污染较重，破坏了海洋生态环境。绿色发展指数最低的是东部海洋经济圈，由2003年的0.2363增长到2020年的0.3242，增长较慢，原因主要有两点：一是养殖空间受限，养殖模式仍较为落后，深远海、网箱等养殖平台尚未成熟，导致资源利用效率不高；二是上海海水养殖业整体发展较为迟缓，拉低了整体绿色发展水平。

具体来看，随着中国海水养殖业在技术、政策上的进步，中国海水

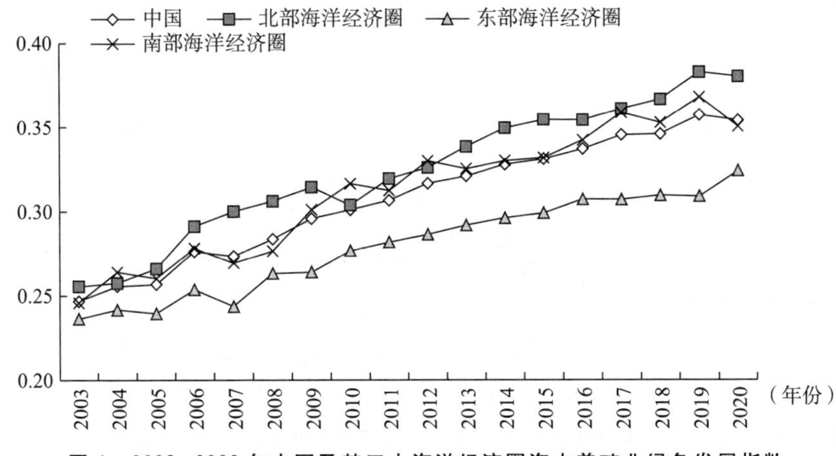

图 1　2003~2020 年中国及其三大海洋经济圈海水养殖业绿色发展指数

养殖业绿色发展理念得到贯彻，2003~2020 年各省（区、市）海水养殖业绿色发展指数均呈明显的增长趋势（见图 2、图 3）。山东省海水养殖业绿色发展指数从 2003 年的 0.2644 增长到 2020 年的 0.4544，增长幅度达到 71.86%，增幅最大，均值（此均值指 2003~2020 年均值，下同）为 0.3840。事实上，中国海水养殖业五次产业浪潮均发源于山东省，且近年来，为推动海水养殖业可持续发展，山东省不断完善人工育苗技术和规模化养殖技术，大力推进现代化海洋牧场建设，并打造深远

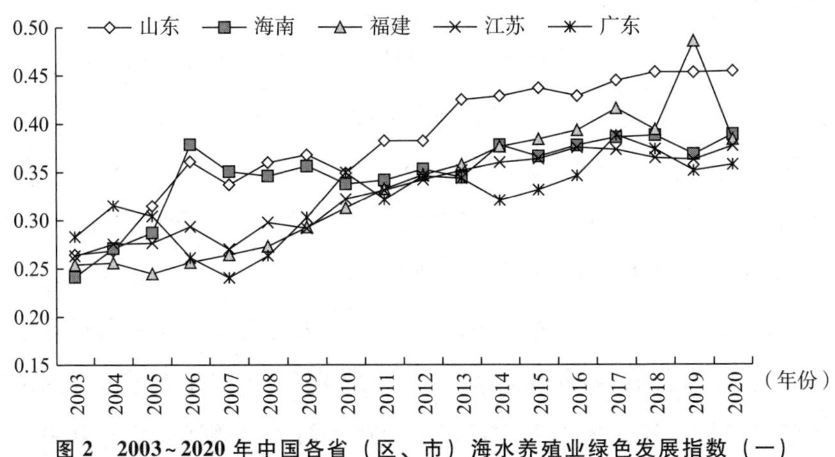

图 2　2003~2020 年中国各省（区、市）海水养殖业绿色发展指数（一）

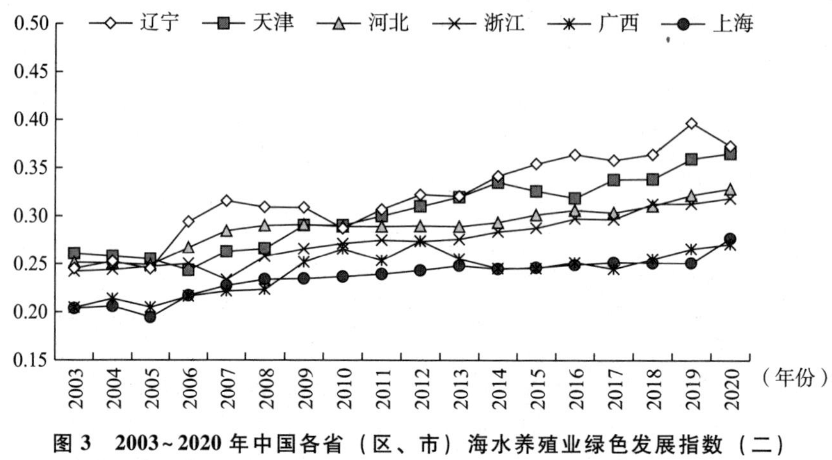

图3　2003~2020年中国各省（区、市）海水养殖业绿色发展指数（二）

海养殖工船，不断增强海洋空间资源利用能力，力争成为第六次产业浪潮的重要力量。而北部海洋经济圈的辽宁省、天津市和河北省也总体呈增长趋势，但波动幅度较大。其中，辽宁省从2003年的0.2452增长到2020年的0.3727，天津市从2003年的0.2606增长到2020年的0.3651，增幅分别为52.00%、40.10%，均值分别为0.3198、0.3020；河北省海水养殖业绿色发展指数增幅较小，均值为0.2892。这三个省（市）发展模式较为单一、技术推广相对落后，未来若做好产业规划，绿色发展水平将显著提升。

南部海洋经济圈的海南省海水养殖业绿色发展指数均值为0.3479，是从2003年的0.2414急速增长到2006年的0.3788，再缓慢波动式增长，2020年达到0.3891，总体增长61.18%。福建省海水养殖业绿色发展指数总体呈增长趋势，从2003年的0.2541增长到2020年的0.3839，增幅51.08%，其中2019年达到峰值0.4857。海南省与福建省均是中国海岸线较长的省份，为促进产业绿色发展，两省近年来加快现代渔业建设，转变发展模式，不断调整养殖品种结构，并多次开展了海水养殖整治工作，但传统粗放式养殖方式带来的环境污染问题还未完全解决。广东省海水养殖业绿色发展指数波动幅度较大，三次峰值分别出现在

2004 年、2010 年和 2017 年，数值分别为 0.3154、0.3497 和 0.3881。受养殖规模、产业技术水平、政策支持力度等因素影响，广西壮族自治区海水养殖业绿色发展指数均值低于 0.3。

东部海洋经济圈的三个省（市）中江苏省和浙江省海水养殖业绿色发展指数总体增长速度较快，分别从 2003 年的 0.2631、0.2422 增长到 2020 年的 0.3771、0.3185。两省坚持新发展理念，落实养殖计划，不断加快构建渔业高质量发展的空间格局，加快发展池塘标准化养殖与深远海养殖，促进产业结构和生产方式转型升级，推动海水养殖业可持续健康发展。上海市海水养殖面积小、产量低，产业发展水平低，因而总体绿色发展水平不高，绿色发展指数均值仅为 0.2364。

综上所述，随着中国海水养殖业的迅速发展，沿海地区为减少海洋生态污染，缓解海域资源压力，推动渔业可持续健康发展，越发重视绿色渔业与绿色养殖。未来，各省（区、市）将积极响应国家战略，落实高质量发展要求，大力建设海洋牧场，发展现代海洋渔业，在助力海洋强国战略实施的同时促使中国海水养殖业绿色发展迈上新台阶。

（二）中国海水养殖业绿色发展空间演变特征

本文利用 ArcGIS 自然断裂点方法绘制了 2003～2020 年中国各省（区、市）海水养殖业绿色发展指数空间格局，指数按大小分为低水平、较低水平、较高水平和高水平 4 种类型。结果表明，2003 年，南部海洋经济圈的广东省处于高水平地区，福建省处于较高水平地区。而北部海洋经济圈的天津市、山东省与东部海洋经济圈的江苏省处于较高水平地区，辽宁省、河北省、浙江省处于较低水平地区，但总体上各省（区、市）之间指数差别不大。可见 2003 年中国海水养殖业绿色发展还处于初步探索阶段，养殖以传统方式为主，集约化以及规模化养殖程度低，对海洋生态环境的关注度也不高，因此海水养殖业绿色发展水平整体较低。

到2011年，各省（区、市）海水养殖业绿色发展均有所进步，平均增长幅度约为24.25%，其中山东省发展最快，从2003年的0.2644增长到0.3824，一跃成为中国唯一高水平地区；广东省从高水平地区转为较高水平地区；海南省则由较低水平地区发展为较高水平地区；其余地区空间格局分布保持不变。可见，随着中国将海洋纳入高质量发展战略要地，海洋经济成为中国新的经济增长点，海洋生态环境开始得到沿海各省（区、市）重视，实现人、养殖活动与海洋环境和谐共处成为新的关注点。

基于此，各省（区、市）海水养殖业绿色发展水平再度提高一个层次。2020年，11个省（区、市）中有9个省（区、市）海水养殖业绿色发展指数超过0.3。北部海洋经济圈绿色发展水平最高，呈现一定程度的空间集聚特征，并以山东省为中心推动了周边地区产业绿色发展水平的提高，辽宁省和天津市从较低水平地区转为较高水平地区，可见地区之间存在较大的交互影响。而南部海洋经济圈和东部海洋经济圈空间格局分布差距不大，较为均衡。

（三）中国海水养殖业绿色发展水平各维度分析

为进一步了解中国沿海各省（区、市）在四个维度中的具体发展情况，可对各省（区、市）海水养殖业经济发展、资源利用、技术进步以及生态环境指标进行对比分析，具体如表4所示。

表4　2003~2020年中国三大海洋经济圈各省（区、市）海水养殖业四大维度指数均值

地区	经济发展	资源利用	技术进步	生态环境
山东	0.0843	0.1062	0.0410	0.1526
海南	0.0319	0.0937	0.0737	0.1486
福建	0.0679	0.1387	0.0381	0.0901
江苏	0.0420	0.0525	0.0507	0.1821
广东	0.0552	0.1165	0.0252	0.1253

续表

地区	经济发展	资源利用	技术进步	生态环境
辽宁	0.0613	0.0693	0.0137	0.1756
天津	0.0399	0.0196	0.0514	0.1911
河北	0.0395	0.0366	0.0240	0.1891
浙江	0.0396	0.0633	0.0231	0.1487
广西	0.0385	0.0800	0.0286	0.0954
上海	0.0248	0.0109	0.0001	0.2007
全国	0.0477	0.0716	0.0336	0.1545
北部海洋经济圈	0.0562	0.0579	0.0325	0.1771
东部海洋经济圈	0.0355	0.0422	0.0246	0.1772
南部海洋经济圈	0.0484	0.1072	0.0414	0.1149

从经济发展指数来看，北部海洋经济圈始终保持高速增长趋势，由2003年的0.0245增长到2020年的0.0913，增长了2.73倍。可见，北部海洋经济圈海水养殖业经济发展规模大，通过产业规模化、集约化养殖，不断提高产值、产量，既带来了明显的经济效益，也推动了地区渔民收入的提高和产业基础设施的升级。南部海洋经济圈由2003年的0.0216增长到2020年的0.0832，增长了2.85倍，均值为0.0484，因而在发展产业经济上具有一定优势，各渔业大省在保护好海洋生态环境的同时，适当扩大海水养殖规模，将稳步推动产业绿色发展。经济发展水平最低的东部海洋经济圈由2003年的0.0134增长到2020年的0.0660，增长了3.93倍，尽管增速快，但整体经济发展缺乏活力，未来应着重提高海水养殖业的产量，扩大产业规模，以此打好产业发展的经济基础，为绿色可持续发展提供强劲动力。

从各省（区、市）情况来看，山东省、福建省、辽宁省和广东省海水养殖业经济发展指数高于全国均值，而广西壮族自治区、海南省和上海市远低于全国均值，可见地区间海水养殖业经济发展较不平衡，存在部分地区产业经济和规模发展相对落后的情况。

全国资源利用指数平稳增长，由2003年的0.0499增长到2020年的0.0762，增长52.71%，均值为0.0716，说明中国海水养殖业绿色发展进程中注重资源合理规划、分配、利用，不断促进海洋可持续健康发展。南部海洋经济圈中的四个省（区）均高于全国均值，由2003年的0.0726增长到2020年的0.1019，整体均值达到0.1072；北部和东部海洋经济圈资源利用水平较低，指数均值分别为0.0579、0.0422。一般而言，地区单位面积产量越大、加工能力越强、劳动生产率越高、深水网箱单位水体产量越大，该地区的资源利用能力就越强，指数就越大。由此可知，南部海洋经济圈在资源利用方面存在一定的优势，具体表现为养殖面积大、网箱数量多、从业人员多和加工企业多等。例如，2020年，福建省单位面积产量达到32.29吨，是山东省的3.64倍；其深水网箱面积达到0.14立方千米，占全国的36.23%，是山东省的4.90倍。北部和东部海洋经济圈整体资源利用能力都较弱，未来应注重从整合地区优势资源、促进加工产业集聚与转型升级、提高劳动生产率等方面入手，提高资源利用能力。

影响技术进步的重要因素分别是深水网箱发展程度、工厂化养殖发展程度以及技术推广经费。南部海洋经济圈总体上由2003年的0.0119增长到2020年的0.0777，增长5.53倍，并从2013年开始，增长速度加快，可见近年来，南部海洋经济圈通过发展深水网箱，扩大工厂化养殖规模，促进产业技术不断成熟，并通过技术推广与应用使产业绿色发展动力充足。北部海洋经济圈由2003年的0.0142增长到2020年的0.0514，但在2015~2018年有短暂下降。东部海洋经济圈产业技术发展落后，机械化程度低，增长较为平缓。为推动产业技术进步，以科技创新推动海水养殖业绿色发展，各地区应大力鼓励并支持封闭式工厂化循环水养殖、深水网箱养殖以及工程化池塘养殖发展，同时做好技术推广，增大人员培训强度，促使科技成果能有效转化为实际成效。整体上，各省（区、市）海水养殖业技术进步未呈现明显的集聚特征。在南部海洋经济圈中，海南省在2015~2020年增长极为迅速，均值达到0.0737；北部海洋经济圈中的天津市发展程度最高，其从2009年开始快速发展，均值达到0.0514；东部海洋经济圈中的江苏省指数先增加后趋于平缓，由2003年的0.0179增长到2020年的0.0626，均值为0.0507。

东部海洋经济圈在生态环境方面表现优异，均值达到0.1772，比北部海洋经济圈略高0.0001。南部海洋经济圈长期落后于东部、北部两大海洋经济圈，且指数相差较大，由2003年的0.1397降至2020年的0.0877，均值仅为0.1149，可见在推进产业发展的过程中，其海洋生态环境亟待整治与改善，否则将严重影响产业的绿色可持续发展。各省（区、市）海水养殖业生态环境指数变化大致分为三种情况：第一种是指数较高的4个省（市）（上海市、天津市、河北省和江苏省）在一定范围内呈小幅度波动变化；第二种是辽宁省、山东省、浙江省和海南省波动幅度较大；第三种是广东省、广西壮族自治区和福建省呈波动下降趋势。

（四）中国海水养殖业绿色发展各维度间的耦合协调分析

通过耦合协调度模型可得2003~2020年中国海水养殖业绿色发展四大维度的耦合协调度（见表5）。可以看出，2003~2016年其内部耦合协调度处于不断上升阶段，由0.163增长到0.818，耦合协调类型由严重失调转为高度协调；2017~2020年处于下降阶段，耦合协调度降低到0.553，耦合协调类型转为基本协调。前一阶段进一步验证了在整体层面，中国海水养殖业绿色发展不仅取得了卓越的成就，各维度间发展的协调状况也较好。中国在海水养殖业经济规模扩大的同时，注重海洋生态环境的保护，并加大技术创新、应用与推广的力度，使资源利用效率不断提高，产业可持续发展能力增强。在后一阶段，四大维度发展逐步失调，主要原因是，随着中国出台一系列海水养殖业绿色发展政策，一方面，一些采取粗放式经营模式的养殖个体户和企业生产活动受限，总体产业发展放缓；另一方面，技术方面的扶持力度不断加大，养殖空间得到有效拓展，促使资源利用效率进一步提高，但生态环境仍受到生产活动的影响，持续遭遇破坏，指数变化与其他三个维度完全相反。因而，未来中国应统筹协调四大维度，做好战略布局，有效提高各维度间的耦合协调水平。

表5　2003~2020年中国海水养殖业绿色发展四大维度的耦合协调度

年份	耦合度（C）	协调度（T）	耦合协调度（D）	耦合协调类型
2003	0.124	0.215	0.163	严重失调
2004	0.448	0.277	0.352	濒临失调
2005	0.576	0.273	0.397	濒临失调
2006	0.746	0.414	0.556	基本协调
2007	0.915	0.364	0.578	基本协调
2008	0.882	0.441	0.624	基本协调
2009	0.891	0.522	0.682	基本协调
2010	0.934	0.539	0.710	基本协调
2011	0.956	0.564	0.734	基本协调
2012	0.972	0.612	0.771	基本协调
2013	0.982	0.614	0.777	基本协调
2014	0.995	0.646	0.802	高度协调
2015	0.998	0.655	0.809	高度协调
2016	0.989	0.677	0.818	高度协调
2017	0.920	0.712	0.809	高度协调
2018	0.875	0.684	0.773	基本协调
2019	0.785	0.766	0.776	基本协调
2020	0.428	0.714	0.553	基本协调

资料来源：利用耦合协调度模型计算整理所得。

为进一步展示各个维度间的协调关系，图4是对2003~2020年中国海水养殖业绿色发展两两维度进行耦合协调度分析（图中的坐标是耦合协调度，点代表年份）。

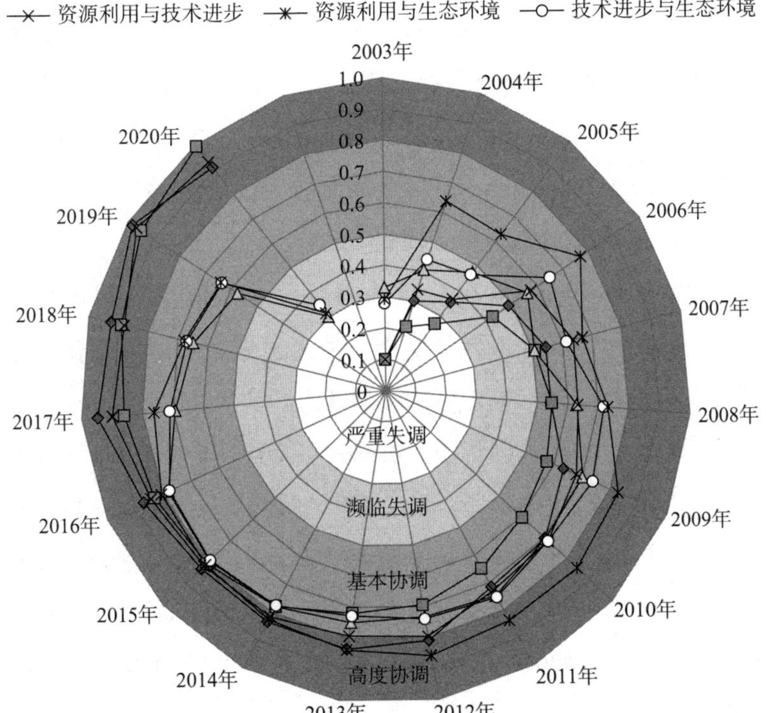

图 4　2003~2020 年中国海水养殖业两两维度间的耦合协调度

由此可见，海水养殖业经济发展与资源利用、经济发展与技术进步、资源利用与技术进步的耦合协调度呈上升趋势，耦合协调类型由 2003 年的严重失调逐步转为濒临失调、基本协调、高度协调，并在近年保持高度协调状态。这说明产业经济发展、资源利用、技术进步同频共振、协调发展、相互作用，促进了产业绿色发展水平的提高。经济发展与生态环境的耦合协调度呈先上升后下降的趋势，由濒临失调转为基本协调，后又逐步降低为濒临失调，可见经济发展与生态环境之间存在一定程度的冲突，这与实际情况相符，即当海水养殖业扩大规模时，或多或少会对海域生态环境产生负面影响，因而两者难以很好地协调发展。资源利用与生态环境的耦合协调度波动较大，耦合协调类型跨度较大，先由 2003 年的严重失调转为基本协调、高度协调，后又转为基本协调，2020 年转为濒临失调。相比之下，技术进步与生态环境的耦合协调度波动较小，耦合协调类型由 2003 年的严重失调逐步转为濒临失调、基本协调，2020 年又转为濒临失调。可见，产业资源利用与生态环境、技术进步与生态环境间都缺乏有效调控，可通过技术创新、环境治理、资源节约和相关外部干涉等手段加强与生态环境的相互协调和对接，实现各维度绿色发展水平共同提升。

图 5 展示的是 2003～2020 年三大海洋经济圈海水养殖业绿色发展的耦合协调度变化。北部海洋经济圈大体上呈先增后减的变化趋势，由 2003 年的 0.151 增长到 2019 年的 0.911，2020 年降到 0.561，其中在 2006～2013 年处于基本协调状态，在 2014～2019 年处于高度协调状态。南部海洋经济圈波动幅度最小，从 2003 年的严重失调逐步转为 2006 年的基本协调，然后一直维持在基本协调状态。东部海洋经济圈前期经历较大波动，在严重失调、濒临失调和基本协调间反复转换；后期变化较为平稳，除 2015 年、2016 年处于高度协调状态，后续年份均维持在基本协调状态。

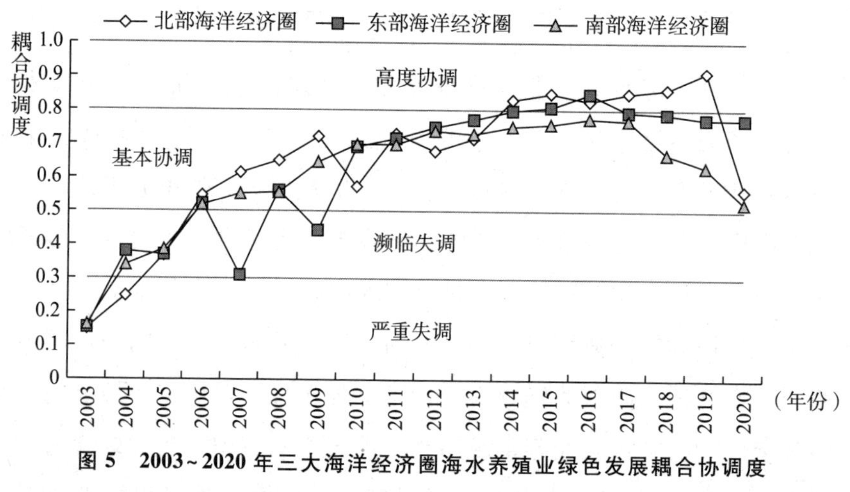

图 5　2003～2020 年三大海洋经济圈海水养殖业绿色发展耦合协调度

由此可见，总体上北部海洋经济圈四大维度的耦合协调水平最高，说明其经济、资源、技术与生态环境协调发展状况最好，各维度相互作用，共同促进了绿色发展水平的提高。但 2020 年资源利用与生态环境指数有所下滑，导致耦合协调度急剧下降。未来，北部海洋经济圈应注意从技术和生态环境两方面入手，促进四大维度同频发展，进一步提高其耦合协调水平与绿色发展水平。

南部海洋经济圈尽管总体水平最低，但是长时间处于基本协调状态，因而未来应通过规划、统筹、推进四大维度共同发展，促使耦合协调类型转为高度协调。另外，近几年南部海洋经济圈耦合协调水平有不断下降的趋势，结合其四大维度指数可知，主要是由于经济发展与技术进步指数在不断提高，但生态环境指数有所下降，因此要注意海洋生态环境的保护与治理，通过制定政策、给予补助、投入资金等改善海域生态环境，进而有利于产业绿色转型升级。

东部海洋经济圈绿色发展水平较低，但四大维度耦合协调水平较高，并随着其产业绿色发展水平的提高，耦合协调度长期缓慢增长，近年来在基本协调和高度协调两种状态中小幅度波动。未来，东部海洋经济圈应重点扩大产业经济规模，进行规模化、产业化、技术化经营，建立资源节约与环境友好型产业模式，促使中国海水养殖业绿色发展迈上新台阶。

四 结论与建议

（一）结论

本文在系统总结国内外海水养殖业绿色发展评价体系的基础上，从经济发展、资源利用、技术进步、生态环境四个维度选取 17 个指标，运用层次分析法和熵值法的组合赋权法确定了各指标权重，得出 2003~2020 年中国沿海 11 个省（区、市）的海水养殖业绿色发展指数，并从时间和空间的角度进行分析。研究得出以下结论。

（1）2003~2020年各省（区、市）海水养殖业绿色发展指数均呈明显的增长趋势，其中山东省、海南省和福建省对中国海水养殖业朝绿色可持续方向发展起到引领作用。北部海洋经济圈长期凭借海域地理位置优越、产业基础扎实、基础设施完备、结构调整优化等优势，产业绿色发展水平最高，并具有一定程度的产业集聚效应；其次是南部海洋经济圈，其绿色发展水平也高于全国平均水平；最低的是东部海洋经济圈，主要是因为经济发展水平较低、资源利用效率不高以及受上海市的拉低影响。

（2）各地区海水养殖业经济发展规模差异较大，不过在2003~2020年均呈现发展向好的趋势，其中山东省、福建省和辽宁省经济发展水平较高。各地区海水养殖业资源利用水平差异最大，发展趋势也各不相同。整体上，南部海洋经济圈的四个省（区）充分利用海洋资源，发展水平均在全国平均水平之上，大大领先于北部和东部海洋经济圈。各地区海水养殖业技术进步差异较小，南部海洋经济圈发展最好，高于全国平均水平；其次是北部海洋经济圈；东部海洋经济圈发展水平最低。这说明东部海洋经济圈的三个省（市）在海水养殖业技术创新、推广、应用等方面的能力有待提高。各地区海水养殖业生态环境差异较大，广东省、广西壮族自治区和福建省生态环境指数有所下降，其余地区生态环境都在不同程度上向好发展，指数较高的三个省（市）分别是上海市、天津市和河北省。

（3）2003~2016年全国海水养殖业绿色发展内部耦合协调度处于不断上升阶段，耦合协调类型由严重失调转为高度协调；2017~2020年耦合协调度逐步下降，转变为基本协调。其中，经济发展与资源利用、经济发展与技术进步、资源利用与技术进步的耦合协调度较高，其余耦合协调水平有待提高。三大海洋经济圈大体上均能达到基本协调，其中北部海洋经济圈总体耦合协调水平最高，南部海洋经济圈最低。

（二）建议

第一，加大区域合作力度，扩大养殖规模，增加经济效益。应充分认识到各省（区、市）海水养殖业经济发展之间的相互影响作用，积极推动地区，尤其是相邻省（区、市）之间的协同发展。地区间联合进行规模化、集约化养殖，利用产业集聚效应，提高专业化水平，优化产业结构，做好产业布局总体规划[①]，以实现资源共享、政策互助，从而提高海水养殖业的产量与产值，推动产业绿色转型升级。

第二，提高资源利用效率，改进养殖模式，打造现代渔业。现阶段，中国海水养殖业多以粗放式养殖为主，养殖水体分散，单位面积产量低，不仅浪费了海域空间资源，还造成了大量污染，不利于养殖系统的稳定与可持续发展。同时，养殖过程存在科技含量低、管理不科学、监管力度不够等问题，导致人员劳动生产率低。因此，一方面，中国应鼓励传统养殖模式向工厂化循环水养殖、深水网箱养殖以及工程化池塘养殖模式转变，提高生产效率；另一方面，应不断优化管理制度，对人员进行培训，采用更标准化的操作流程并合理运用机械辅助养殖工作，以提高资源利用效率，推进中国海水养殖业的绿色发展。[②]

第三，加强技术创新，加大绿色技术开发及推广力度。先进养殖模式的转变离不开技术创新的支撑，因此，中国应通过相关科技计划和专项支持高校、科研院所、企业等组织开展技术研发活动，并通过积极引进、借鉴、学习国外核心技术及运作模式，推进产业现代化发展。例如，对水质和养殖饲料的精准化监控与管理大大提高了资源的有效利用率；深远海养殖、深蓝渔业发展依托的养殖工船和养殖平台的建立，使

① 关长涛、王琳、徐永江：《我国海水鱼类养殖产业现状与未来绿色高质量发展思考（上）》，《科学养鱼》2020 年第 7 期。

② 关长涛、王琳、徐永江：《我国海水鱼类养殖产业现状与未来绿色高质量发展思考（下）》，《科学养鱼》2020 年第 8 期；徐杰、韩立民、张莹：《我国深远海养殖的产业特征及其政策支持》，《中国渔业经济》2021 年第 1 期。

养殖空间由近岸走向深远海。[①] 与此同时，加大新技术的推广力度，使新技术能够在更广范围内得到发展和应用，节约资源并保护生态环境，完美契合中国海水养殖业绿色可持续发展的内在要求。

第四，注重生态环境保护，加大环境污染治理投入。生态环境与绿色发展直接相关，中国在海水养殖业发展过程中，应树立好新发展理念，将海洋高质量发展要求具体落实到位，不以牺牲生态环境为代价发展产业[②]；同时提高污染治理水平，加大清洁能源、环保技术、海洋工艺等研发资金的投入，减少在养殖过程中海水与海洋环境污染物的排放；制定严格的管理与治理政策[③]，将生态环境纳入产业发展考核体系中，加大监控力度，打击违反标准的各种生产活动，进而减小对海域产生的负面影响。

第五，加大政策扶持力度，提高各项补贴。在产业发展过程中，要贯彻“绿水青山就是金山银山”的理念，出台一系列支持中国海水养殖业绿色发展的政策，如成立养殖产业合作经济组织联合会、搭建技术指导平台、提供政策咨询以及培训服务；为改善生产条件，应提高对技术创新、固定资产、人力资本、基础设施等的补贴，鼓励中小企业规模化发展、龙头企业向更高科技水平的集约化发展；加大资金投入，扶持产业生态环境建设，改善海域生态环境，增强全社会海洋生态保护意识，以提高产业绿色发展速度和效益。

（责任编辑：王圣）

---

① 董双林、董云伟、黄六一等：《迈向远海的中国水产养殖：机遇、挑战和发展策略》，《水产学报》2023年第3期；崔正国、曲克明、唐启升：《渔业环境面临形势与可持续发展战略研究》，《中国工程科学》2018年第5期。

② 仇荣山、韩立民、徐杰等：《环境规制对中国海水养殖业绿色转型的影响——基于动态面板模型的实证检验》，《资源科学》2022年第8期。

③ 邵京京：《我国对虾海水养殖业的时空演变与影响因素》，《中国渔业经济》2023年第3期。

共建“一带一路”倡议背景下中国船舶工业对外合作机遇评估*

谭晓岚**

摘　要　无论是在传统的欧美造船强国，还是在日、韩等新兴造船国家，对外合作一直是造船企业拓展国际市场、控制生产成本的重要工具。中国船舶工业规模巨大，是全球第一大造船国，拥有世界一流的技术和人才，具备对外合作的条件。共建“一带一路”倡议的提出，为中国船舶工业的国际化发展提供了重要机遇。尽管中国与共建“一带一路”国家在造船技术和人力成本方面具有互补优势，但造船工业基础的差距和投资环境的不确定性给双方造船企业合作带来诸多风险。在这一背景下，本文基于对中国船舶工业对外合作背景的分析，简要梳理了共建“一带一路”国家船舶产业的发展概况，从地理优势、基础设施、人力资源、社会稳定性、船舶产业成熟度 5 个方面，分析了中国与共建“一带一路”国家船舶产业的互补性，并对中国船舶工业在“一带一路”方向的对外合作机遇进行了评估。

关键词　中国船舶工业　对外合作　共建“一带一路”倡议　合作机遇

一　中国船舶工业对外合作背景

中国船舶工业在经历几十年的起步阶段后，开始逐步走向国际市

* 本文是国家社会科学基金项目“‘一带一路’背景下中国船舶产业供给侧结构改革研究”（17BJY020）的阶段性研究成果，受 2025 年山东社会科学院创新工程重大支撑课题资助。

** 谭晓岚，山东社会科学院山东省海洋经济文化研究院研究员，主要研究方向为海洋经济、海洋战略、海洋文化。

场。随着产能的扩张和技术的进步，海外建厂成为中国船舶工业实现国际化合作的重要选择。在中国提出共建“一带一路”倡议的背景下，推进与共建“一带一路”国家的合作有利于加快中国船舶工业的国际化进程。同时，由于船舶工业具有产业链覆盖面广、科技附加值较高、人力资源使用规模较大的特征，因此，与共建“一带一路”国家合作，能够有效提升双方的产业互动水平，促进双方船舶工业高质量健康发展。

（一）船舶工业对外合作动机

1. 劳动力成本不断上升

船舶工业兼具资本密集型和劳动密集型的特征，尽管自动化生产线和工业机器人的应用有效提高了生产效率，但由于船舶制造定制化程度较高，非标准零部件使用量大，因此目前还无法实现机器对人力资源的有效替代。

法国、德国等发达国家在这方面的做法通常是引入国外劳工。例如，德国在2021~2024年共签发了57.9万张工作签证，年增长率达20.9%，预计今后每年将引入约28.8万名外籍劳工。[①] 人口稠密的东亚地区传统上并不缺乏劳动力，但随着经济的飞速发展，部分地区劳动力成本激增，低端服务业和制造业难以为继，不得不开始聘用国外劳工。尽管这些国家通过劳工引入政策在短期内弥补了国内劳动力缺口，但也为国外劳工日后的身份认同留下隐患。该问题频繁出现在一些发达国家，引发了国外务工者与当地居民的矛盾升级。这促使船舶制造企业开始通过对外直接投资的方式，将生产端移至国外，在享有国外廉价劳动力的同时缓解国内劳动力市场压力。

---

① 《德国四年狂发57万工作签证！劳动力市场需求井喷，移民政策成焦点》，海外房产，https://baijiahao.baidu.com/s?id=1828342495397609531&wfr=spider&for=pc，最后访问日期：2025年5月15日。

另外，即使招聘国外劳工，在面对新兴造船国家和发展中国家的极低劳动成本时，造船大国也无法抵挡产业转移的大趋势。出于促进产业发展、提升就业水平的考虑，部分国家出台了一些本土化政策，要求必须在当地建厂。例如，巴西国家石油公司在其团队现代化项目中规定，船舶必须在巴西境内建造，第 1 个阶段本土化率至少达到 65%，第 2 个阶段本土化率至少达到 70%。因此，在 2013 年后，韩国、日本和新加坡纷纷在巴西建厂造船。除了上述劳动力引起的经济利益变化，造船大国在海外建厂还存在一些战略考虑，特别是外交和军事方面，这也是全球造船大国产能转移的重要考量因素①。

2. 海外订单的获取

能源资源及相关的订单需求也是造船企业在海外建厂的重要考量因素。2018 年 9 月，韩国和俄罗斯通过推动包括造船、北极航运、港口和天然气等在内的“九桥战略规划”，建立了韩俄合作平台。俄罗斯计划将红星造船厂打造成为远东地区最大的造船基地，以提升在当地船舶市场的占有率。为实现这一目标，俄罗斯红星造船厂与韩国三星重工签署协议，成立了一家合资企业，旨在设计一个有效的项目管理系统，用于穿梭油船的建造②。韩国在穿梭油船建造方面有突出的成就，在该细分市场具有垄断地位。因此，海外合资建厂也成为韩国获取俄罗斯穿梭油船订单的主要手段。

2019 年初，韩国三星重工将其位于尼日利亚的拉各斯造船基地正式确立为非洲海上浮式生产储油轮制造和整合中心。尼日利亚是非洲最大的油气出口国，原油产量约为 230 万桶/天。③ 韩国打造尼日利亚的海上浮式生产储油轮制造和整合中心，其战略意义在于将韩国造船企业与

① 《劳工移民：低生育率国家的最后底牌》，《乌有之乡》，https://mp.weixin.qq.com/s/5yYC4TtiGihj7pN1EUQd mQ，最后访问日期：2024 年 12 月 7 日。

② 《韩国在全面加强韩俄合作的“九桥战略规划”》，环球网，http://www.qlwb.com.cn/2017/1207/1149958.shtml，最后访问日期：2024 年 12 月 7 日。

③ 《三星重工正式确立尼日利亚 FPSO 海外建造基地》，《中国船舶报》，https://mp.weixin.qq.com/s/cQOX3aiFqRvmZ8WiqU_PJg，最后访问日期：2024 年 12 月 7 日。

尼日利亚油气出口业务深度绑定，形成稳固的利益共同体。

综合审视上述国家船舶制造企业的海外投资行为可以发现，通过向资源属地国家转移产能，资源国可以在相对较短的时间内获得相对成熟的资源出口渠道和运输服务，而跨国船企可以获得开发海外新市场的机会。

（二）全球主要造船企业的海外布局

日本和韩国作为造船强国，在20世纪90年代就开始进行产业的海外布局。凭借领先的技术优势，以日本今治造船和韩国现代重工为代表的造船业巨头将廉价劳动力优势和新市场开发能力运用到了极致。例如，韩国现代重工拥有大量海外办事处和分公司。在海外办事处方面，其在欧洲的英国、挪威、希腊和俄罗斯，亚洲的日本和新加坡，北美的美国和墨西哥，中东的阿联酋和沙特阿拉伯，非洲的安哥拉都设有分支办公室。在分公司方面，其在欧洲的比利时、保加利亚、德国、法国、匈牙利、荷兰、俄罗斯，中东，非洲的尼日利亚，北美的美国，南美的巴西，亚洲的印度、印度尼西亚、中国等都设有分公司。韩国现代重工在海外设置了2个研究中心，主要负责研究全球在船舶与海工技术方面的演化趋势，并与海外研究机构进行合作研究。

日本和韩国近年来在东南亚发展造船业的态度十分积极。目前，菲律宾正逐渐成为仅次于中国、韩国与日本的全球造船大国。其造船业的崛起不仅受益于政府积极招商，也受益于外资企业的技术与资源加持。根据克拉克森数据统计，在2024年全球手持订单30强船厂榜单中，菲律宾仅有韩进重工苏比克船厂上榜，占据菲律宾大型船舶建造产能的80%以上。类似的案例还有越南的现代尾浦船厂（韩国现代）、斯里兰卡的科伦坡船厂（日本尾道）、泰国的Italthai Marine船厂（意—泰合资）、南非的南非造船厂（荷兰达门）。

为了更好地利用国外劳动力成本优势，日韩向东南亚的产能转移主

要面向劳动密集型的低端产品。一方面，这能够实现人力成本控制；另一方面，日韩两国可以通过派遣本国技术人员和管理人员进入东南亚国家投资企业，借助本国的技术和管理能力，提升整体生产效率。由于向这些国家转移的产能通常对技术水平要求较低，因此生产的船型主要为传统三大船，即散货船、集装箱船和油船，总吨位量占90%以上。①

（三）“一带一路”建设给中国船企带来的机遇

2013年9月和10月，中国国家主席习近平先后提出建设“新丝绸之路经济带”和“21世纪海上丝绸之路”的合作倡议。依靠中国与有关国家既有的双多边机制，借助既有的、行之有效的区域合作平台，“一带一路”旨在高举和平发展的旗帜，构建与共建“一带一路”国家的经济合作伙伴关系，共同打造政治互信、经济融合、文化包容的利益共同体、命运共同体和责任共同体。②

“一带一路”是与现有机制的对接、互补，而非替代。共建“一带一路”国家要素禀赋各异，比较优势差异明显，互补性很强。有的国家能源资源富集但开发力度不够；有的国家劳动力充裕但就业岗位不足；有的国家市场广阔但产业基础薄弱。这些都是中国船舶产业走出国门、对外合作的重要机遇。

中国船舶产业规模巨大，具备资金、技术、人才、管理等综合优势。中国造船完工量、新接订单量、手持订单量长期居世界首位，拥有庞大的人才团队和较大的资金优势，基础设施建设经验丰富，装备制造能力强、质量好、性价比高。这为中国与海外需求方实现船舶产业对接和优势互补提供了现实条件。因此，借助共建“一带一路”的机遇，中国船舶工业在对外合作时能够更好地对接各国政策和发展战略，从而

---

① 《日本船舶工业：手持订单持续下滑，调整产能谋求突围》，船海装备网，https://www.shipoe.com/news/show-24497.html，最后访问日期：2024年2月15日。

② 李晓、李俊久：《“一带一路”与中国地缘政治经济战略的重构》，《世界经济与政治》2015年第10期。

实现协调发展、共同繁荣的目标。

二 共建“一带一路”国家船舶产业发展概况

本文通过共建“一带一路”国家船舶产业的几个重点指标，分析这些国家船舶产业成熟度，具体包括产量、船型和吨位分布、船东来源等。船舶产业成熟度是衡量船舶产能转移可行性的重要依据。对于船舶产业发展成熟或十分落后的国家，产业合作会因面临不同问题而成本不同，因此合理地判断合作时机十分必要。

（一）东南亚地区主要国家船舶产业发展概况

根据 Sea-web 数据库统计分析，东南亚最近几年成长为世界造船的一极。凭借低廉的人力成本，菲律宾、越南等国在日韩企业支持下，占领了东南亚地区主要船舶市场，但主要集中在集装箱船、散货船、油船三大主力船型。

菲律宾凭借日韩投资，拥有充足的产能，逐渐步入造船大国行列，2013~2018 年船舶产量稳定维持在 200 万吨的水平，其主要订单来自日本、新加坡、英国和德国，尽管本国订单很多，但主要是渔船等小船。就船厂而言，菲律宾两个最大的船厂分别为韩国韩进重工苏比克船厂、日本常石重工宿雾船厂，两者分别由韩国和日本的造船厂控股，两者产量之和达到菲律宾总产量的 99.5%，余下的 30 余家船厂产量仅占 0.5%，其主要产品有散货船、集装箱船、油船和 LPG（液化石油气）运输船。在两个国外船厂的扶持下，菲律宾能够建造超 20000 标准箱超大型集装箱船这种世界先进船型。根据克拉克松研究公司最新数据，截至 2025 年 6 月，菲律宾船企手持新船订单达 129 艘 730 万载重吨，接近历史高位，其中韩进重工苏比克船厂与常石重工宿务船厂贡献超 99%的产能。

越南船厂多、船型多，船舶产业处于待整合的发展阶段。根据克拉克松研究公司统计数据，截至 2025 年，越南拥有约 120 家活跃船厂，年产量较 10 年前增长 10 倍，但产业集中度低，韩国现代尾浦船厂占 54%，余下船厂分散竞争。越南生产船舶种类达 31 种，最大生产过一艘 7700 总吨的 FSO（海上浮油装置）。与其他国家不同，越南船舶产业在船东、船型、船厂等方面都存在明显的“长尾”，即越南的船厂多且小，产品杂而不精。

印度尼西亚船厂多、船型多、船舶吨位小，船舶产业有待整合。2013~2018 年船舶产量稍有下降，但 2017~2018 年变化有所缓和，维持在 15 万吨的水平，其主要的订单来自国内，然后是新加坡，两者订单占全部订单的 80%（载重吨）。据国际海事组织唯一指定的数据服务供应商埃信华迈（IHS）统计，截至 2024 年底，印尼拥有 342 家活跃船厂，年造船能力 100 万载重吨，修船能力 1200 万载重吨，创造了 4.6 万个就业岗位。然而，核心配套（如发动机、导航设备）供应链依赖进口，导致建造成本高企、交付周期较长。印度尼西亚生产的船型达 60 余种，其中最多的是拖轮，最大的是 3000 载重吨的散货船。

新加坡船舶产业主要服务于海工产业，结构较为单一。产量从 2013 年开始下滑，2017 年跌入谷底，只有 2013 年的 7.3%，这是因为新加坡主要在海洋工程领域见长，而在 2017 年基本没有海工产品交货。其主要客户来自挪威，然后是本国、美国、墨西哥、瑞典等，这些国家都是海洋石油大国。前几家船厂的主要产品均为自升式钻井平台，其服务海工的性质从其船型分布中也看得出来，除了自升式钻井平台，还有半潜平台、铺管船等。目前，新加坡修造船业正通过合并重组提升竞争力。例如，KEPPEL 船厂与日立 ZOSEN（HZS）船厂计划合并，旨在应对中东油轮修造业和中国船厂的竞争压力。

印度客户多、船型多，以低端船型为主，船舶行业有待整合。印度船舶产量在近几年大幅度下降，从 2013 年的 26 万吨下降到 2020

年的2.85万吨，产量下滑接近90%，其订单主要来自国内、百慕大、泰国和荷兰四个国家或地区，其国内订单多为小船。印度生产的船舶多为大型散货船和小型杂货船。IHS有记录的船厂近70家，船型44种，主要集中在1000~5000吨和500吨以下两个范围内。据统计，印度在全球造船市场的份额不到1%。尽管印度政府提出“2047长期发展计划”，目标是跻身全球前五造船国，但当前产能和技术水平难以支撑这一目标。

斯里兰卡的船舶制造业完全集中在科伦坡船厂（Colombo Dockyard），该船厂所有者为日本尾道造船（持股51%）。从1993年至2018年，科伦坡船厂与尾道船厂的合作已经有25年历史，主要业务为修船。其订单主要来自马来西亚、新加坡和印度，主要船型为平台/近海的支持类船舶和客货船，集中在1000~5000吨的范围内。近年来，斯里兰卡高端船舶建造能力有所提升。科伦坡船厂成功交付日本电信集团KDDI的5300载重吨远洋铺缆船，标志着其技术实力达到新水平。

泰国的船舶产量自2012年开始下滑，至2018年不到最高峰的30%。国内的订单主要是500吨左右的小船，其他的订单来源主要有德国、新加坡、卡塔尔、印度尼西亚和中国。最大的船厂Italthai Marine是一家意大利—泰国合资企业。泰国船厂的主要产品有平台供应船、成品油船、渔船、拖船和集装箱船，船舶吨位主要集中在500吨以下。

（二）中东地区主要国家船舶产业发展概况

根据Sea-web数据库统计分析，中东地区船舶工业整体而言发展不足，主要生产石油相关产品，如钻井平台、海工辅助船等，船舶类产品吨位较小，阿联酋、卡塔尔等国具有制造豪华游艇的能力。

土耳其的船舶工业以生产中小型船舶为主，但订单数量少，船型多，船厂多，产量自2009年开始持续下滑，但在2015~2023年，该国船舶建造产能以年均65%的增速增长，在世界市场中的份额从0.9%上升到1.4%，位居全球第五。其船舶销往全球80多个国家，除本国的订单，其船东主要来自欧洲，包括挪威、意大利、瑞士、荷兰、德国和马耳他。IHS有记录的船厂有142家，船型51种，化学品船产量最高，其次是渔业和海工辅助类船舶，就船舶大小而言，主要在500吨以下和1000~5000吨两个区间，以小型船舶为主。

阿联酋主要服务海工市场，船舶产量自2009年开始持续下滑，2018年产量只有2009年的7%。除本国订单，其订单主要来自巴西、印度等第三世界国家。就船厂和船型而言，IHS有记录的阿联酋船厂共有31家，能够生产30多种船型，产量排名前六的船厂几乎垄断全部订单，它们主要生产钻井平台等海工产品，订单少而吨位大。Grandweld船厂主要生产拖船、调查船等吨位相对较小的船舶，因而订单较多。整体而言，阿联酋船舶工业多面向海工领域，受石油市场影响较大。

卡塔尔船舶吨位小，船厂数量少，产品类型单一，主要产品为500吨以下的拖船或游艇。订单全部来自国内，其年产量较小，由于市场太过单一，易受某些大订单的影响，如2012年一艘10966吨的浮船坞和2016年一艘7235吨的近海工程船，卡塔尔实际年产量约为2000吨。其船舶产业诞生较晚，目前仍处在起步阶段。随着全球对清洁能源需求的增长，卡塔尔造船产业在LNG运输船领域有望进一步扩大市场份额。

伊朗船舶订单主要来自国内，具有建造大型船舶的能力。产业波动较大，2015年船舶总吨位接近70000吨，但2018年不足5000吨。2023年，伊朗拥有23家船厂，基本能够满足国内船舶工业发展需求。塞浦路斯承包了几乎全部国外订单。伊朗船厂能够建造集装箱船、半潜式钻井平台、油船、近海支持类船舶等。除了2家大船厂，其他船厂的生产能力都相对较弱。

叙利亚的船舶工业产量波动较大，其产能在1000吨左右，订单主要来自国内、美国以及周边国家。国内船厂较少，船型单一，主要有货船、平台支持船、拖船等小吨位船舶。叙利亚也能建造小型的登陆艇。

巴基斯坦船舶工业基础薄弱，唯一的大型船舶是由中国建造的万吨散货轮——“友谊20”号。2013~2018年，巴基斯坦仅为阿联酋建造过2艘运水船。

（三）非洲地区主要国家船舶产业发展概况

根据Sea-web数据库统计分析，非洲地区无论是能建造船舶的国家数量，还是造船吨位量，均存在明显的劣势。非洲船舶产业发展严重滞后，仅南非在荷兰达门船厂的帮助下具有一定的实力，但近年来产量也出现断崖式下滑。

南非船厂的客户主要来自国内，其自身与尼日利亚的订单之和超过全部订单（吨位）的90%。南非2013~2018年船舶产量呈现先稳步上升后断崖式下跌的趋势，2018年的产量仅为2017年的1/4。就船厂而言，产品结构以拖船为主，但近年来在帆船多体船、双体船方面表现出一定实力。达门船厂开普敦是荷兰达门造船的子公司，其生产的产品种类多，也更为先进，如渔业调查船、领航船、多用途船。总体而言，南非生产的船舶多为500吨以下的拖船、渔船、人员补给船和供油船。

埃及的订单主要来自国内、马耳他和土耳其。从2015年起，埃及船舶产量持续下滑，目前基本维持在1500吨左右的水平。IHS有记录的船厂有30家，主要生产拖船、滚装船、游艇、人员/供应船和散货船，其最大的船型是1500吨的豪华游艇。近年来，在新能源电动观光船领域，埃及尼罗河旅游航线市场表现出较大发展潜力。

（四）南美洲地区主要国家船舶产业发展概况

根据 Sea-web 数据库统计分析，南美洲的船舶产业主要服务渔业和石油业两大产业，巴西占据绝对优势，其他国家的船舶产业能力薄弱。

巴西船舶尽管 2017~2018 年产量有所下降，但船舶吨位上升。订单几乎全部来自国内。作为一个石油大国，其船舶产业主要围绕石油展开，主要船型有原油运输船、海上浮式生产储油轮（FPSO）、平台供应船、成品油船、半潜式生产平台等。其船舶吨位主要集中在 500 吨以下和 1000~5000 吨两个区间，其生产的最大船型为 15.6 万吨的海上浮式生产储油轮。2015~2024 年，巴西在造船领域的投资大幅增长，产能快速扩张，新建设了 10 余家船厂。不过，由于市场需求下降，巴西近一半的船厂没有任何订单，处于停工或半停工状态。

秘鲁船舶产量不高，2018 年产量明显增加主要是因为生产了一艘 11000 吨的登陆舰。除本国，船舶主要销往哥伦比亚、巴拿马等周边国家。IHS 数据表明，秘鲁的 4 家船厂能够生产 6 种船型，分别为登陆舰、渔船、多用途补给舰、拖船、客滚船和巡逻艇。

智利的船舶产量从 2009 年起逐渐下降。除本国，订单主要来自丹麦、冰岛、法罗群岛等北欧国家和地区。船型有锚作拖轮、渔船、客滚船、近岸支持船和巡逻艇。近年来，智利造船业在海军装备领域取得重大突破，首艘独立建造破冰船“维尔海军上将”号，于 2024 年 7 月交付使用。

厄瓜多尔的船舶产量整体呈上升趋势，绝大部分订单来自国内。生产的船型都在 1000 吨以下，主要有客船、渔船、巡逻艇和游艇。在最新的全球船舶制造业排名中，厄瓜多尔船舶制造有限公司位列第 25，市场占有率约为 10%。①

---

① 《厄瓜多尔船舶行业头部企业市场占有率及排名介绍》，丝路印象，https://www.zcqtz.com/news4271906，最后访问日期：2025 年 5 月 12 日。

阿根廷在20世纪后期逐步具备建造远洋轮和油轮的能力，但技术依赖欧洲进口，产业规模有限。目前，商用船舶制造集中于布宜诺斯艾利斯的蒂格雷和恩塞纳达船厂，主要生产内河船和中小型油轮，高端船舶（如LNG船、大型集装箱船）仍需进口。

哥伦比亚船舶订单计划完全来自国内，由于订单太少（每年0~3艘），所以产量变化巨大，生产过的最大吨位船舶是一艘2050吨的巡逻舰。

三　中国与共建“一带一路”国家船舶产业互补性

（一）共建“一带一路”国家船舶产业互补性评估框架

在制造业劳动力成本持续走高的今天，通过引入国外劳工的方式降低人力成本，不仅需要社会的认同、政策的支持，还面临文化碰撞可能带来的隐患。所以，在共建“一带一路”的大环境下，中国船舶工业可以尝试“走出去”，学习日本和韩国的经验，在人力成本较低的国家建设船厂，使其承接劳动密集型的船型和修造订单。这能够带来三方面的利益：一是提升全球劳动力成本竞争优势；二是推动船舶工业优化产能；三是有效支持“一带一路”建设。

在产业互补性方面，共建“一带一路”国家具有人力成本低、地理优势和内需市场独特等优势。中国船舶产业则拥有成熟的技术、丰富的经验、大量优秀的工程师、长期稳定的客户资源等。由于船舶产品的独特性，地理位置和人力成本成为重要的考量因素。同时，船舶产业会深度嵌入这些国家的政治、经济、文化，因此必须对这些国家的政治、经济和文化稳定性进行分析。

在不考虑其他条件，仅考虑中国海外造船产能布局的情况下，本文对东南亚、中东、非洲一些国家的地理优势、基础设施、人力资源、社会稳定性、船舶产业成熟度五大要素进行了初步分析，打分标准如表1所示。

表 1　五大要素及打分标准

分数	标准	
地理优势	5	拥有天然良港、在国际交通中处于枢纽地位、气候条件良好
	4	拥有天然良港、处于交通要冲、气候条件一般
	3	拥有较大的港口、气候条件一般
	2	拥有可以开发的港口、地理位置适中、气候条件差
	1	缺乏良好的港口、地理位置偏僻、气候条件差
基础设施	5	基础设施完善
	4	基本满足工业生产的需要，但存在一定的风险
	3	基础设施能够保障居民生活，新建工业还需要改造或建设
	2	基础设施老旧、能力不足，难以维持国民生活
	1	几乎没有现代化的基础设施
人力资源	5	拥有大量廉价的技术工人或有一定知识的劳动力，技术工人的工资为2500 元/月及以下
	4	拥有大量廉价的技术工人或有一定知识的劳动力，技术工人的工资为2500~3500 元/月
	3	拥有一定数量的技术工人或有一定知识的劳动力，技术工人的工资为3500~5000 元/月
	2	技术工人数量不足，工资超过 5000 元/月
	1	技术工人数量不足，工资超过 8000 元/月
社会稳定性	5	经济、政治、社会稳定，人民安居乐业
	4	经济、政治、社会存在不稳定因素，但总体良好
	3	经济、政治、社会存在不稳定因素，总体不利于工业生产
	2	经济不稳定、政权快速更迭、极端或非法组织活动频发、社会治安差
	1	国家处于战争或灾难状态
船舶产业成熟度	5	产能充足、吨位大且有高端船型
	4	具有一定产能，能够建造中型吨位的船舶
	3	船舶产业初具规模，待整合
	2	仅能够生产供自己使用的小型船舶
	1	几乎没有船舶基础

（二）共建“一带一路”国家船舶产业互补性分析

本部分分别从四个区域中选取一个国家，以它们为例进行说明。

东南亚的菲律宾：在日韩船企的带动下，菲律宾造船业得到有效整合，资源集中在两大外资船厂中，并没有出现如印度尼西亚一样的船厂小而多、资源分散的现象。尽管高端船舶数量较少，但就吨位和订单量而言，菲律宾已经跻身世界造船大国行列。中国商务部《对外投资合作国别（地区）指南：菲律宾》指出，菲律宾“基础设施建设落后，公路、铁路、机场和港口等都急需扩容或升级”，这属于对菲投资的“消极因素”，但从两大船厂的产量来看，尚能为大型工业服务；菲律宾劳动力资源充沛且价格低廉；菲律宾政局总体稳定但治安状况不佳，国内存在反政府武装（恐怖组织），公民可合法拥有枪支，针对富商的绑架时有发生；菲律宾地处赤道，亦非交通要冲，因此并无明显的地理优势。①

中东的卡塔尔：船舶工业落后，年产量不足万吨，订单数量较少，主要产品为豪华游艇。中国商务部《对外投资合作国别（地区）指南：卡塔尔》指出，卡塔尔基础设施较为完善，适合工业生产，但作为一个产油国家，人均 GDP 较高，本国从事制造业的技术工人较少，多依靠周边国家的劳工，但劳工成本较高；社会治安良好，犯罪率很低；地处波斯湾腹地，除靠近石油富集区，并无其他地理优势。②

非洲的南非：船舶产业相对落后，产量较低，船型较小。其基础设施能够基本满足工业需求，但有待发展。中国商务部《对外投资合作国别（地区）指南：南非》指出，南非人力资源优势不明显；社会稳定性一般；地处非洲最南端，拥有好望角这一交通要冲，具有一定的地理优势。③

---

① 《对外投资合作国别（地区）指南》，中国商务部网站，2024 年更新，http://fec.mofcom.gov.cn/article/gbdqzn/index.shtml，最后访问日期：2024 年 8 月 4 日。

② 《对外投资合作国别（地区）指南》，中国商务部网站，2024 年更新，http://fec.mofcom.gov.cn/article/gbdqzn/index.shtml，最后访问日期：2024 年 8 月 4 日。

③ 《对外投资合作国别（地区）指南》，中国商务部网站，2024 年更新，http://fec.mofcom.gov.cn/article/gbdqzn/index.shtml，最后访问日期：2024 年 8 月 4 日。

欧亚地区的俄罗斯：船舶工业较为成熟，能够生产高端的极地破冰船，工业发展受限于多方面因素。中国商务部《对外投资合作国别（地区）指南：俄罗斯》指出，俄罗斯基础设施虽然老旧，但能够满足工业生产需求；相较于中国，俄罗斯人力成本较低（其外籍劳工除了来自独联体国家，主要来自中国）。最近几年，俄罗斯经济稳步发展，国内政治稳定。其陆地与北极接壤较多，在北极航道和北极资源开发方面具有得天独厚的优势。①

据上述分析，对东南亚、中东、非洲和其他一些共建“一带一路”国家中的重要造船国家的各项要素打分，形成五维能力图（见图 1 至图 4），评分数据来自 Sea-web 数据库。

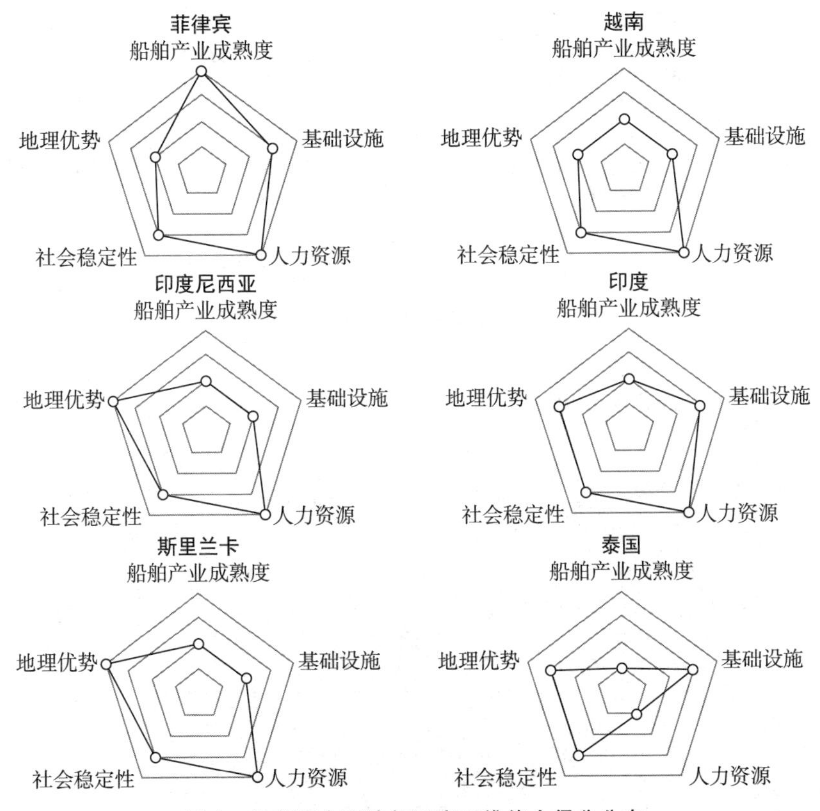

图 1　东南亚主要造船国家五维能力得分分布

① 《对外投资合作国别（地区）指南》，中国商务部网站，2024 年更新，http://fec.mofcom.gov.cn/article/gbdqzn/index.shtml，最后访问日期：2024 年 8 月 4 日。

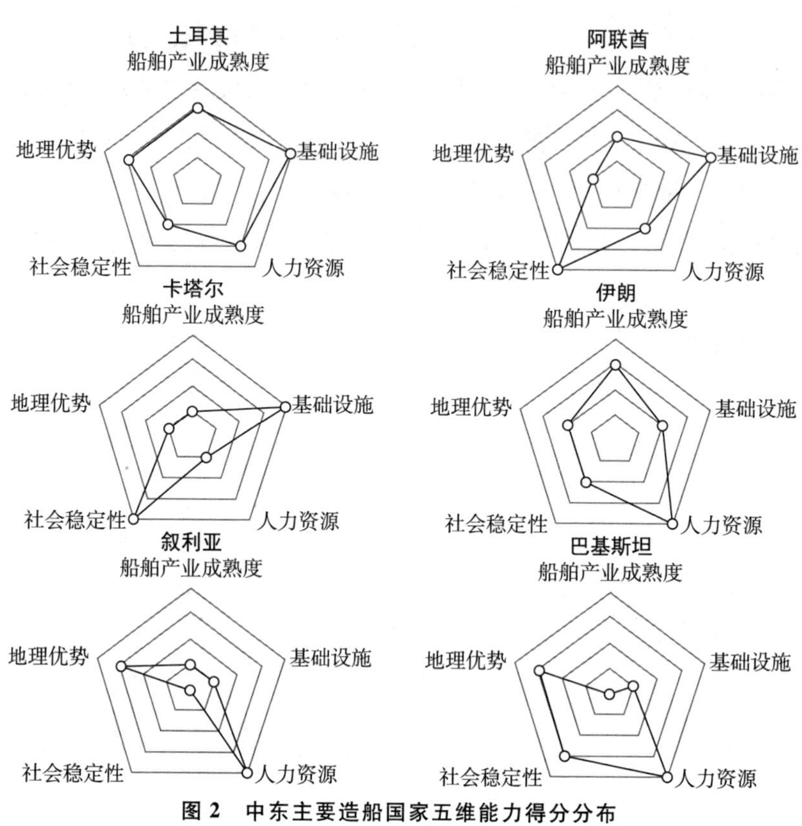

图2　中东主要造船国家五维能力得分分布

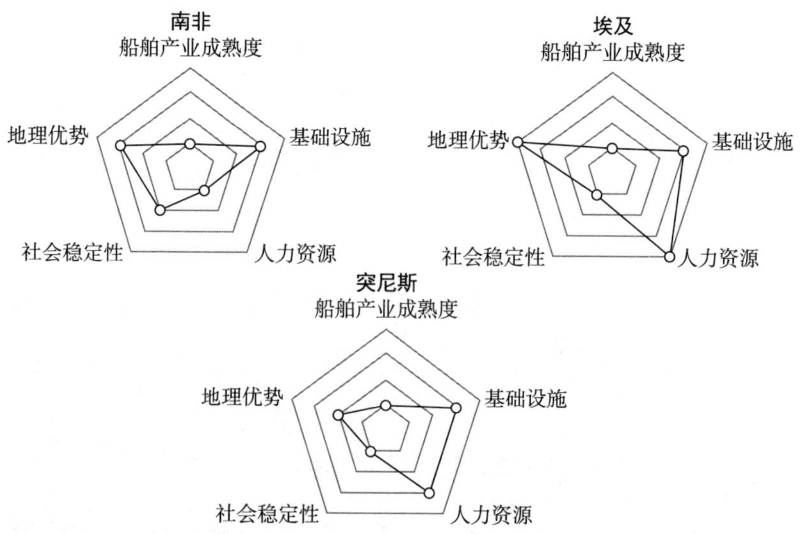

图3　非洲主要造船国家五维能力得分分布

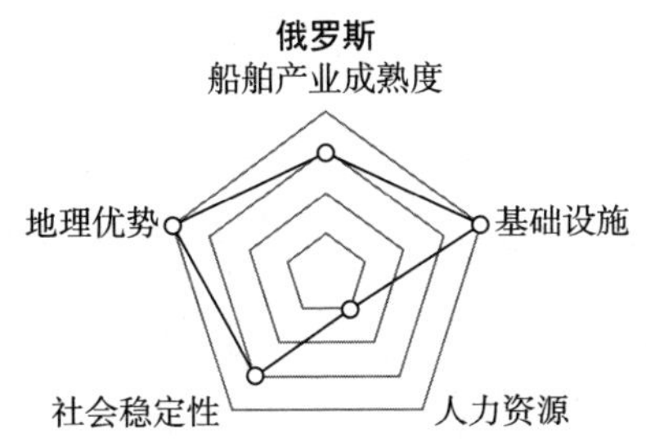

图 4　其他主要造船国家五维能力得分分布

四　中国与共建“一带一路”国家船舶产业合作潜力评估

（一）中国船舶产业的潜在合作方分析

如果给上述五大要素分配不同的权重，可以将五维能力得分表现为一维的分值。这样做尽管很难细致地描述每个国家的优势，但是能够宏观地分析这些国家与中国在船舶产业领域合作的潜力。

产业合作潜力指标由 SPSS 软件计算得出，最终结果为五分制。各国产业合作潜力如表 2 所示。需要说明的是，船舶产业成熟度指标并非越高越好，也非越低越好，它基于两方面的考虑：拥有高成熟度船舶产业的国家，如菲律宾，其市场准入门槛较高；那些小船厂林立、船型多且杂、船舶产业处于成长和待整合阶段的国家，则具有合作的空间。

表 2　部分共建“一带一路”国家与中国船舶产业合作潜力得分

单位：分

国家		船舶产业成熟度	基础设施	人力资源	社会稳定性	地理优势	产业合作潜力
中东	土耳其	4	5	4	3	4	3.9
	阿联酋	3	5	3	5	2	3.7

续表

国家		船舶产业成熟度	基础设施	人力资源	社会稳定性	地理优势	产业合作潜力
中东	卡塔尔	2	5	2	5	2	3.1
	伊朗	4	3	5	3	3	3.6
	叙利亚	2	2	5	1	4	3.3
	巴基斯坦	1	2	5	4	4	3.9
非洲	南非	2	4	2	3	4	3.2
	埃及	2	4	5	2	5	4.2
	突尼斯	2	4	4	2	3	3.1
东南亚	菲律宾	5	4	5	4	3	3.7
	越南	3	3	5	4	3	4.2
	印度尼西亚	3	3	2	2	5	4.0
	印度	3	4	5	4	4	4.7
	斯里兰卡	3	3	5	4	5	5.0
	泰国	2	4	2	4	4	3.5
其他	俄罗斯	4	5	2	4	5	4.0

资料来源：依据中国商务部《对外投资合作国别（地区）指南》给出评分。

根据分析结果，可以将上述国家分为三个梯队，产业合作潜力得分在4.5分以上的为第一梯队，4.0（含）~4.5（含）分的为第二梯队，4.0分以下的为第三梯队。在综合考虑合作国家政策环境及投资风险的前提下，结合得分情况，中国在进行船舶产业海外合作时，可以优选第一梯队的斯里兰卡，第二梯队的埃及、俄罗斯、印度尼西亚，第三梯队的土耳其、巴基斯坦、阿联酋。

本文仅对中国船舶产业对外合作潜力进行初步研究。中国与共建“一带一路”国家进行船舶产业技术合作或国外劳务工招聘时，不仅要考虑投资回报率，还要考虑日韩相同投资带来的竞争压力。

（二）共建“一带一路”典型国家未来船舶需求定量评估

1. 船舶保有量增长-船龄分布模型

本文数据来自船舶行业权威数据库 Sea-web。因为在该数据库中无法实现对各个年份船舶保有量的查询，所以本文根据每个国家船舶下水和船舶报废时间，计算出该国某年船舶保有量，计算公式如下：

$$\begin{aligned} Ship_{inservice}(y_p) &= Ship_{inservice-2019} + \sum_{i=y_p}^{2019} Ship_{brokenup}(i) - \sum_{i=y_p}^{2019} Ship_{launch}(i) \\ &= Ship_{inservice-2019} + \sum_{i=y_p}^{2018} [Ship_{brokenup}(i) - Ship_{launch}(i)] \end{aligned} \tag{1}$$

其中，$Ship_{inservice}(y_p)$ 表示 y_p 年该国船舶保有量（吨位），$Ship_{brokenup}(y_p)$ 表示 y_p 年船舶报废量（吨位），$Ship_{launch}(y_p)$ 表示 y_p 年船舶需求量（吨位），i 为国家编号，y_p 为当前年份。

在得知某国近几十年的船舶保有量后，可大致分析出未来 10 年该国的船舶保有量。假设根据拟合曲线（拟合方式根据实际计算结果选择）得到的未来该国船舶保有量为 $Ship_{inservice}$（y_f），y_f 为未来年份，可由上述公式变化得到：

$$Ship_{inservice}(y_f) = Ship_{inservice} - \sum_{i=2019}^{y_f} Ship_{brokenup}(i) + \sum_{i=2019}^{y_f} Ship_{launch}(i) \tag{2}$$

整理式（2）可知，2019 年到 y_f 年该国船舶需求量 $\sum_{i=2019}^{y_f} Ship_{launch}(i)$ 为：

$$\sum_{i=2019}^{y_f} Ship_{launch}(i) = Ship_{inservice}(y_f) - Ship_{inservice} + \sum_{i=2019}^{y_f} Ship_{brokenup}(i) \tag{3}$$

其中，$Ship_{inservice}$（y_f）可由拟合曲线外插值计算得到，$Ship_{inservice}$ 为已知量，因此需要从未来船舶的报废量预估船舶的需求量。

根据国际船舶通常的寿命要求和该国已报废船舶的年龄分布，可以大致得到船舶的报废年限。假设该年限即未来该国船舶报废的基准年限 A_s，某些正服役船舶的船龄为 A，这些船的吨位为 $Ship_{inservice-age}$（A）（根据现役船舶的服役时间可以得到船龄分布函数），age 为船舶服役年数，到 y_f 年应报废船舶年龄满足：

$$A + (y_f - 2019) = A_s \tag{4}$$

即到 y_f 年应报废船舶的当下船龄为：

$$A = A_s - (y_f - 2019) = (2019 + A_s) - y_f \tag{5}$$

即到 y_f 年应报废船舶吨位为：

$$Ship_{brokenup}(y_f) = Ship_{inservice-age}(A) = Ship_{inservice-age}[(2019 + A_s) - y_f] \tag{6}$$

整理式（6）可知，2019 年到 y_f 年该国船舶需求量 $\sum_{i=2019}^{y_f} Ship_{launch}(i)$ 为：

$$\sum_{i=2019}^{y_f} Ship_{launch}(i) = Ship_{inservice}(y_f) - Ship_{inservice} + \sum_{i=2019}^{y_f} Ship_{inservice-age}[(2019 + A_s) - y_f] \tag{7}$$

那么通过 2019 年到 y_f 年该国船舶需求量 $\sum_{i=2019}^{y_f} Ship_{launch}(i)$ 和 2019 年到 y_f-1 年该国船舶需求量 $\sum_{i=2019}^{y_f-1} Ship_{launch}(i)$，可以得到 y_f 年该国船舶需求量 $Ship_{launch}$（y_f）：

$$\begin{aligned} Ship_{launch}(y_f) &= \sum_{i=2019}^{y_f} Ship_{launch}(i) - \sum_{i=2019}^{y_f-1} Ship_{launch}(i) \\ &= Ship_{inservice}(y_f) - Ship_{inservice}(y_f - 1) + Ship_{inservice-age}[(2019 + A_s) - y_f] \end{aligned} \tag{8}$$

2. 共建“一带一路”典型国家船舶需求预测

根据“船舶保有量增长-船龄分布模型”，在上文船舶产业海外合作的三个梯队中各选择一个国家进行未来船舶需求预测分析，第一梯队选择斯里兰卡，第二梯队选择印度尼西亚，第三梯队选择阿联酋。

(1) 斯里兰卡船舶需求预测分析

2019 年，斯里兰卡船舶数量为 160 艘，27 万载重吨、37 万修正总吨。根据 Sea-web 数据库中的数据，1996~2019 年，斯里兰卡船舶数量增长 73.91%，吨位增长 68.75%。1996~2019 年其船舶保有量如图 5 所示。

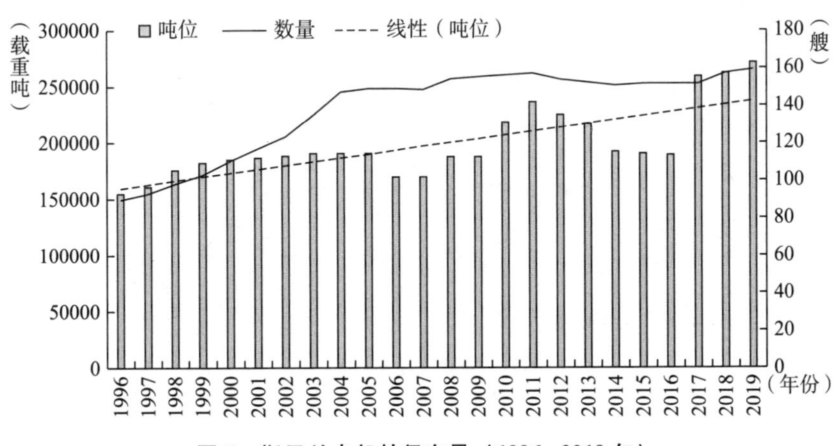

图 5　斯里兰卡船舶保有量（1996~2019 年）

资料来源：Sea-web 数据库。

从图 5 可以明显看出，20 多年间，斯里兰卡船舶保有量整体呈线性增长趋势，中间出现两次波动，但总体比较稳定。以此为基础，可以得到斯里兰卡船舶保有量增长的线性拟合曲线。

分析 1996~2019 年斯里兰卡报废的 31 艘船舶（不计沉船等事故），认为斯里兰卡船舶明显存在超期服役的现象（见图 6），故假设斯里兰卡船舶报废年限为 30 年。

截至 2019 年，斯里兰卡现役船舶的船龄分布如图 7 所示，若不计船龄超过 40 年的严重超期服役船舶，船龄在 15 年以下的船舶有 44 艘，船龄在 15 年及以上的船舶有 105 艘，可见旧船占到 70%以上。

斯里兰卡目前正处在经济发展的上升期，其航运业尚未成熟。由于该国地处“一带一路”的重要节点，是欧亚航运的重要枢纽，所以乐

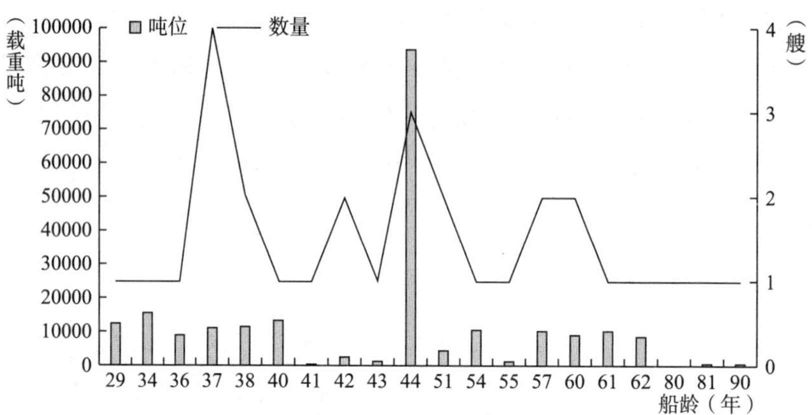

图 6 斯里兰卡报废船舶的船龄分布

资料来源：Sea-web 数据库。

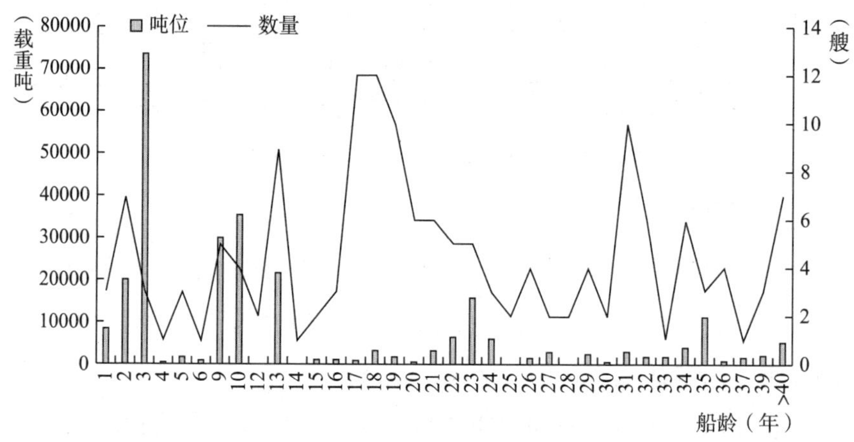

图 7 斯里兰卡现役船舶的船龄分布

资料来源：Sea-web 数据库。

观来看斯里兰卡船舶将有大规模增长。

根据模型，通过船舶保有量增长的拟合曲线和斯里兰卡现役船舶船龄分布，可以预估未来斯里兰卡船舶需求量（见表3）。

表 3　斯里兰卡未来的船舶需求量

单位：载重吨

年份	保守估计	乐观估计
2025	3613	9863
2026	9441	20241
2027	19187	36337
2028	9950	35550
2029	6725	43175

（2）印度尼西亚船舶需求预测分析

2019 年，印度尼西亚船舶数量为 4639 艘，1577 万载重吨、2140 万修正总吨。根据 Sea-web 数据库中的数据，1980～2018 年，印度尼西亚船舶数量增长近 3 倍，吨位增长近 4 倍。1980～2018 年其船舶保有量如图 8 所示。

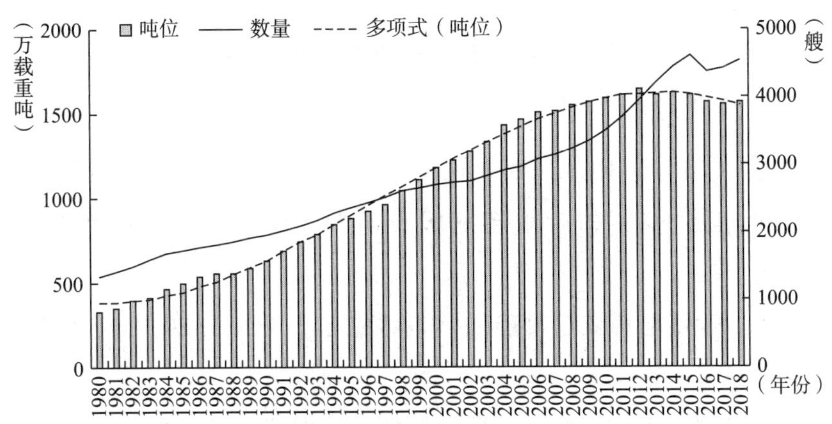

图 8　印度尼西亚船舶保有量（1980～2018 年）

资料来源：Sea-web 数据库。

从图 8 可以看出，1980～2018 年，印度尼西亚的船舶保有量呈现先升后降的态势，从 20 世纪 80 年代初开始逐步增长，在 2012 年到达峰顶后开始回落。可以认为，印度尼西亚的船舶保有量已经达到其经济的极限，未来提高船舶运力的需求不足。以此为基础，得到印度尼西亚船舶保有量增长的三次多项式拟合曲线。

分析1980~2018年印度尼西亚报废的1416艘船舶（不计沉船等事故），发现其船龄主要为25~50年（见图9），在排除极少数严重超期服役和部分意外损毁船舶后，得到其正常报废船舶船龄为40.1年，大于国际船舶正常服役年限。

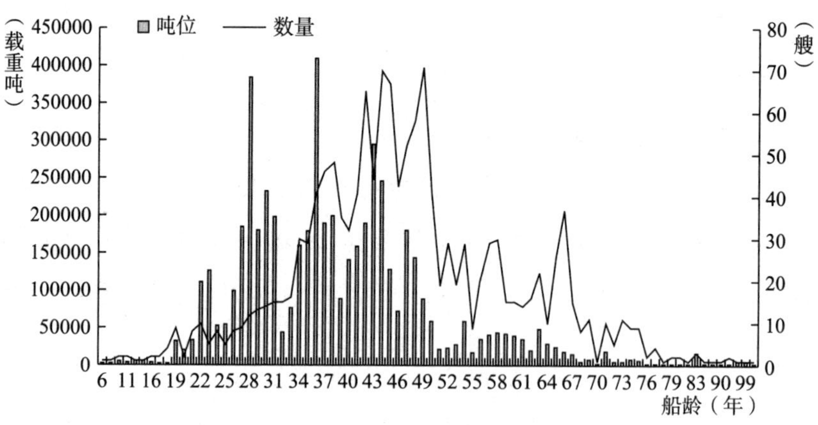

图9　印度尼西亚报废船舶的船龄分布

资料来源：Sea-web数据库。

截至2018年，印度尼西亚现役船舶的船龄分布如图10所示，若不计船龄超过50年的严重超期服役船舶，现役船舶的船龄主要为10~30年。

未来，印度尼西亚退役船舶吨位将稳步上升，在2040年达到高峰后开始回落。

根据模型，通过船舶保有量增长的拟合曲线和现役船舶船龄分布，可以预估未来印度尼西亚船舶需求量如表4所示，但从船舶吨位增长的拟合曲线可以看出，未来几年，印度尼西亚的船舶吨位和数量可能继续下滑。

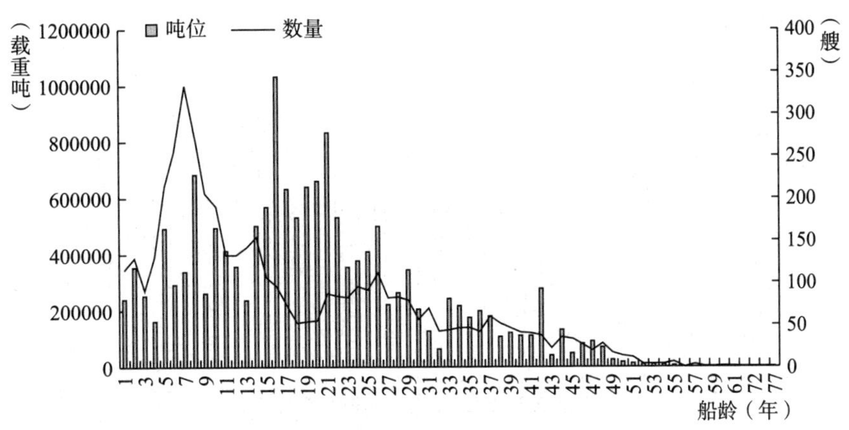

图 10　印度尼西亚现役船舶的船龄分布

资料来源：Sea-web 数据库。

表 4　印度尼西亚未来的船舶需求量

单位：载重吨

年份	乐观估计
2025	179418
2026	159742
2027	75588
2028	43404
2029	198800

（3）阿联酋船舶需求预测分析

2019 年，阿联酋船舶数量为 1935 艘，2102 万载重吨、2820 万修正总吨。根据 Sea-web 数据库中的数据，1980～2019 年，阿联酋船舶数量增长 1.24 倍，吨位增长 1.64 倍。1980～2019 年其船舶保有量如图 11 所示。

从图 11 中可以明显看出，1980～2019 年，阿联酋船舶保有量呈线性增长，虽偶尔出现下滑，但总体比较稳定。以此为基础，得到阿联酋船舶保有量增长的拟合曲线。

分析 1980～2019 年阿联酋报废的 870 艘船舶（不计沉船等事

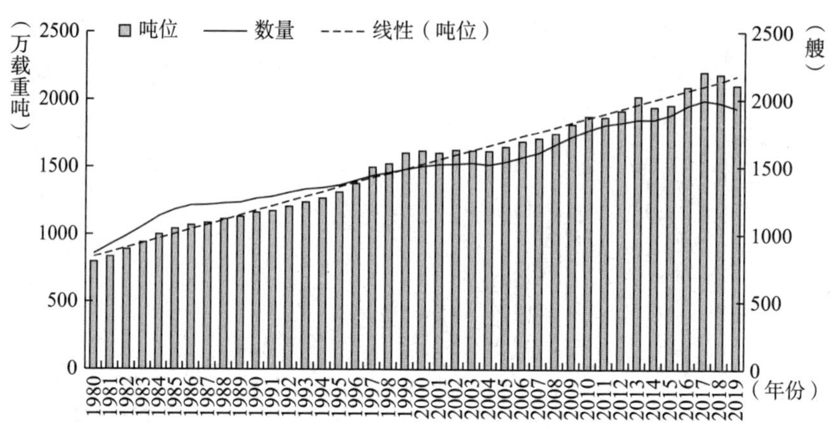

图 11　阿联酋船舶保有量（1980~2019 年）

资料来源：Sea-web 数据库。

故），在排除极少数严重超期服役和部分意外损毁船舶后，得到其正常报废船舶船龄为 30.9 年（据图 12 计算），接近国际船舶正常服役年限。

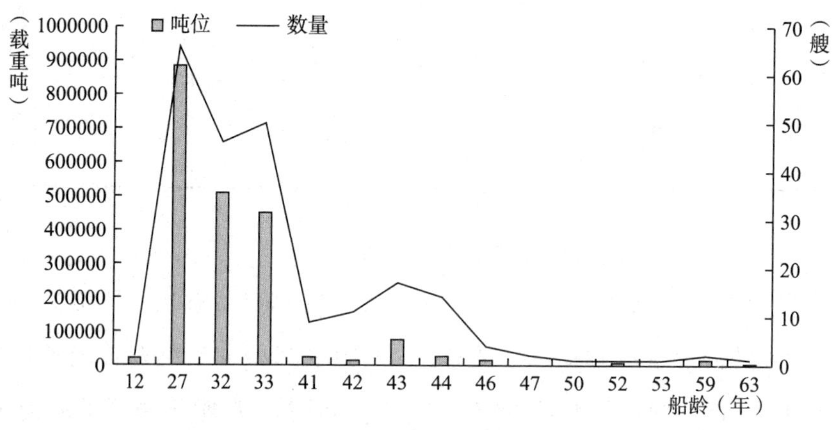

图 12　阿联酋报废船舶的船龄分布

资料来源：Sea-web 数据库。

截至 2019 年，阿联酋现役船舶的船龄分布如图 13 所示，若不计船龄超过 40 年的严重超期服役船舶，现役船舶的船龄主要为 0~25 年。

未来，阿联酋船舶退役数量不多，但 2025~2029 年将迎来船舶退

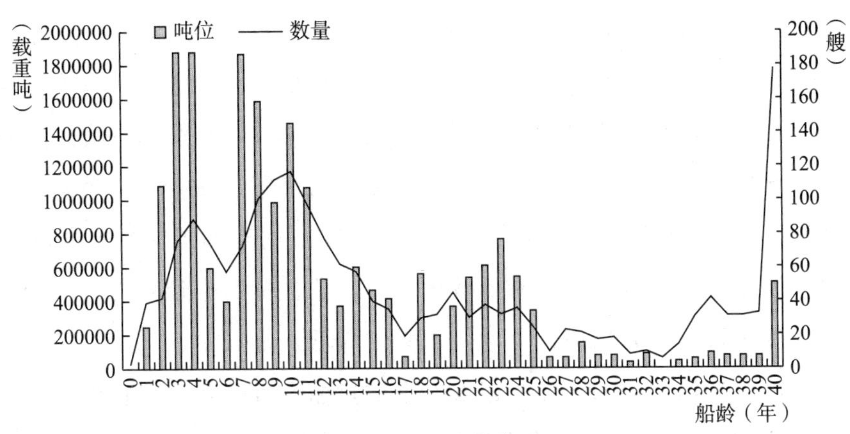

图 13　阿联酋现役船舶的船龄分布

资料来源：Sea-web 数据库。

役的小高峰，在进入放缓阶段后，将迎来大量船舶的换代更新。

根据模型，通过船舶保有量增长的拟合曲线和阿联酋现役船舶船龄分布，可预估未来阿联酋船舶需求量如表 5 所示。

表 5　阿联酋未来的船舶需求量

单位：载重吨

年份	需求量
2025	680829
2026	884220
2027	1105976
2028	949757
2029	880227

共建“一带一路”国家未来 10 年对船舶需求量巨大，中国与其在船舶工业技术、人才、资本、市场等方面的全面合作，将实现共赢。

（三）中国与共建“一带一路”典型国家船舶产业合作策略建议

针对斯里兰卡的合作，建议重点输出港口工程船技术，建立船舶维修培训中心，提升本地化服务能力。结合其港口枢纽定位，与当地企业共建技术转移中心，推广节能船体设计、智能航行系统等，提升本地配套能力。参与汉班托塔港及特殊经济区建设，承接港口机械、海工装备订单，开发定制化运输船型，重点聚焦渔船及岛际运输船，满足其渔业经济需求。采用“建设—租赁—移交”模式，优先选择国际机构担保项目。通过公私合营模式，降低政治风险，建立社区沟通机制，减少征地及环保争议；提升供应链本地化水平，降低运输成本。

针对印度尼西亚的合作，建议设立散货船合资企业，转移中小型货船模块化建造技术。合作建设修船厂，培训本地技术工人。开发“船舶租赁+航线运营”打包方案，覆盖其庞大的货船更新需求。参与政府专项资金支持的船舶采购项目，开发适用于印尼群岛航线的中小型船舶，拓展渔船改造市场。利用 RCEP 框架锁定关税优惠，配套设立海外仓。利用一站式服务简化投资程序，与印尼造船企业成立合资公司，共同应对政策波动风险。

针对阿联酋的合作，建议设立 LNG 船改装中心，对接其全球油气枢纽定位。合作研发沙漠环境船舶防腐技术，推广电动船舶动力系统，满足阿联酋绿色港口建设需求。开发“波斯湾—东非”航线船舶，抢占交通装备市场。参与迪拜海洋城及阿布扎比港口扩建项目，提供高端游艇、海工装备制造服务。采用伊斯兰金融工具进行融资，规避宗教政策风险。严格遵守《阿联酋环境保护法》，建立合规管理体系，与本地企业成立联合体，规避法律风险。

（责任编辑：王圣）

中国贝类产业发展研究*

赵竹明　聂晓青　刘长琳　吴　彪**

摘　要　随着经济的快速发展和居民消费水平的提升，贝类产业成为中国水产业的重要组成部分，其发展状况受到广泛关注。本文系统分析了中国贝类产业的发展历程、现状、影响因素，根据中国贝类产业发展面临的资源过度开采、环境污染、生物毒素风险、国际贸易壁垒四方面挑战，从保护环境、合理开发，科技创新、产业升级，加强监测、增强意识，国际合作、互利共赢四个方面提出建议，帮助中国贝类产业更快、更好发展。

关键词　中国贝类产业　资源过度开采　环境污染　生物毒素风险　国际贸易壁垒

引　言

贝类产业在中国国民经济中扮演着重要的角色。贝类产业作为水产业的重要组成部分，为中国的农业经济贡献了显著的直接产值。它不仅包括贝类的捕捞和养殖，还涉及加工、运输、销售等多个环节，形成了

* 本文受中国水产科学研究院中央级公益性科研院所基本科研业务费专项资金资助（NO. 2023TD30）。

** 赵竹明，通讯作者，博士，中国水产科学研究院黄海水产研究所财务处副处长、硕士生导师，主要研究方向为政府会计、渔业经济与管理；聂晓青，青岛科技大学经济与管理学院硕士研究生，主要研究方向为渔业经济与管理；刘长琳，中国水产科学研究院黄海水产研究所副研究员，主要研究方向为渔业经济与管理；吴彪，中国水产科学研究院黄海水产研究所研究员，主要研究方向为渔业经济与管理。

完整的产业链。中国是世界上主要的贝类产品出口国之一，贝类产品的出口为中国带来了可观的外汇收入，促进了国际贸易的平衡。不仅如此，贝类产业的存在为很多居民提供了就业机会，尤其是在沿海地区，很多居民以贝类捕捞和养殖为生。贝类产业的发展促进了沿海和渔业社区的经济繁荣，提高了当地居民的生活水平，保障了社会稳定和谐。与其他一些产业相比，贝类产业被认为是环境友好型的，因为它对自然资源的利用更加可持续，合理的贝类养殖有助于维护海洋生态系统的平衡，贝类通过滤食可以净化水质，缓解水域富营养化。① 贝类产业的发展还带动了旅游、休闲等产业的发展，增强了社会活动的多样性。

贝类产业不仅在经济上为中国带来了直接和间接的利益，还在社会、文化、环境等多个方面发挥了积极作用，是中国国民经济不可或缺的一部分。本文通过研究中国贝类产业的现状，发现中国贝类产业发展面临的一些问题，并提出建议，以促进产业进步。这对提升国内生产总值、促进多产业和谐发展具有一定的意义。

一　中国贝类产业发展的现状分析

随着人民生活水平的提高和对健康食品的追求，贝类产品的消费需求呈现上升的趋势，中国贝类养殖行业的生产规模也在不断扩大，成为世界上主要的贝类产品出口国之一。本文将从养殖产量、捕捞量、海水养殖面积、育苗量四个方面，分析中国贝类产业发展的现状。

从 2016 年开始，中国贝类水产品的养殖产量整体呈现上升的趋势。截至 2022 年，中国贝类水产品养殖产量达到 15885589 吨，较 2021 年的 15456691 吨增长明显（见图 1）。养殖产量按照水域可以划分为淡水养殖产量和海水养殖产量。2016~2022 年，中国贝类水产品海水养殖产

① 朱富强、李涛、段雪利等：《滨州市贝类产业发展现状及对策》，《农业工程》2023 年第 11 期。

量逐渐上升，并从 2020 年开始上升速度加快。相对于海水养殖产量，中国贝类水产品淡水养殖产量从 2016 年的 238085 吨下降到 2022 年的 189745 吨，下降 48340 吨。[①] 这与消费者的消费意向以及贝类产业的发展条件等密切相关。消费者相对更喜欢海水养殖的贝类，其味道更加鲜美，肉质更加紧实，而淡水养殖的贝类可能会丧失这部分独有的特点。加之海水更适合贝类的生长，所以海水养殖的贝类相对产量也高。再加上中国对于贝类淡水产品需求的减少，以及长时间的禁渔期，中国贝类淡水产品产量 2016 年以后逐渐下降。[②]

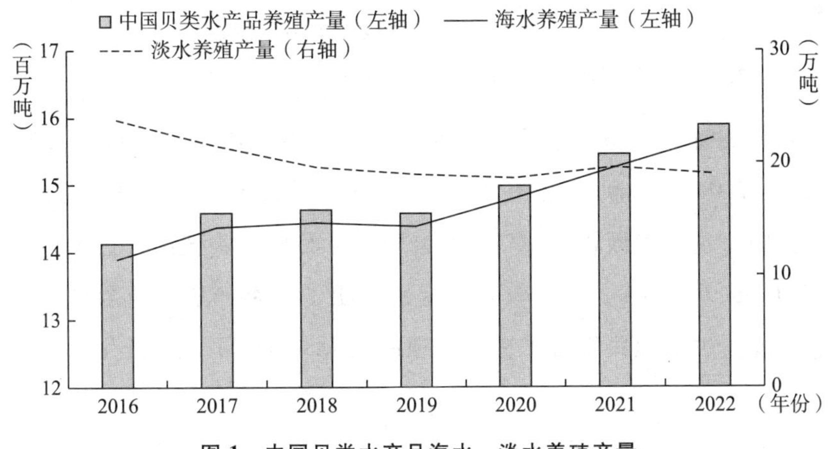

图 1 中国贝类水产品海水、淡水养殖产量

资料来源：2017~2023 年《中国渔业统计年鉴》。

虽然 2016~2022 年中国贝类水产品养殖产量整体增长，但国内捕捞量出现明显的下滑，从 2016 年的 699192 吨下降到 2022 年的 494600 吨，下降幅度为 29.26%（见图 2）。再从淡水捕捞量和海水捕捞量来看，两者均整体呈现下降趋势，这可能与过度捕捞、环境污染、气候变化等因素有关[③]。这些因素共同导致贝类资源减少，影响了捕捞量。

---

① 文中所列渔业数据来自历年《中国渔业统计年鉴》，下同。

② 周井娟：《中国海洋贝类产业发展特征及技术变迁》，《中国渔业经济》2022 年第 2 期。

③ 徐岩、朱玉贵：《山东省海水贝类养殖产业变化特征分析》，《现代农业科技》2020 年第 12 期。

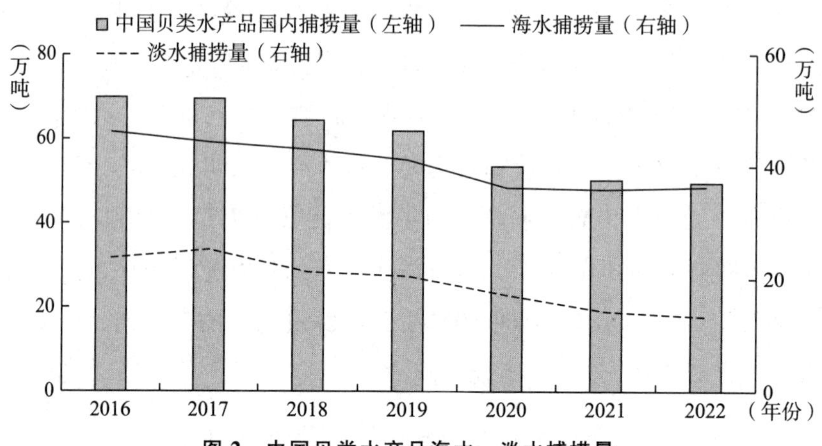

图2　中国贝类水产品海水、淡水捕捞量

资料来源：2017~2023年《中国渔业统计年鉴》。

从贝类海水养殖面积来看，2020年下降到1197407公顷，2022年上涨到1270463公顷（见图3）。从水产养殖面积构成来看，到2022年，全国海水养殖面积为2074420公顷，贝类海水养殖面积占全国海水养殖面积的61.24%，占比较大。这也说明了贝类产业的重要性，贝类产业的发展也给渔民带来了更加可观的收入，保障了渔民的生活。

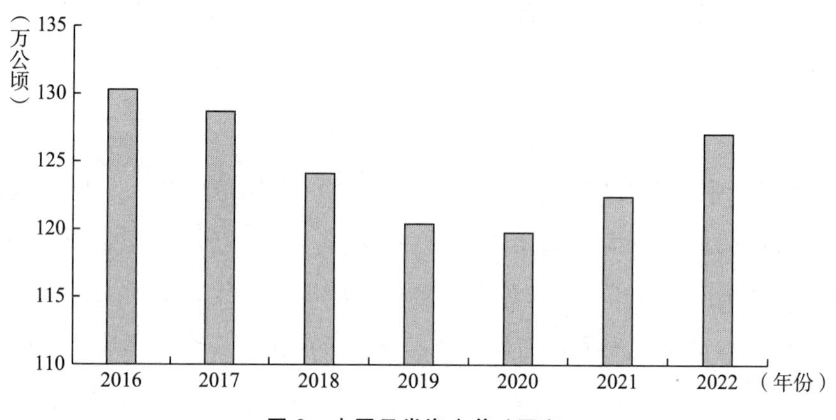

图3　中国贝类海水养殖面积

资料来源：2017~2023年《中国渔业统计年鉴》。

从中国贝类育苗量来看，其自2016年开始整体呈现上涨的趋势，其中2022年增长速度最快，增长到547021295万粒，同比增长63.74%（见图4）。贝类产品的市场潜力是巨大的，贝类育苗量的大幅增加不仅丰富了贝类资源，有助于保护和恢复贝类种群的生态平衡，而且提高了贝类养殖业的产量和效益，可以使海洋生态环境得到改善，增强海洋生物多样性，促进相关产业的发展。①

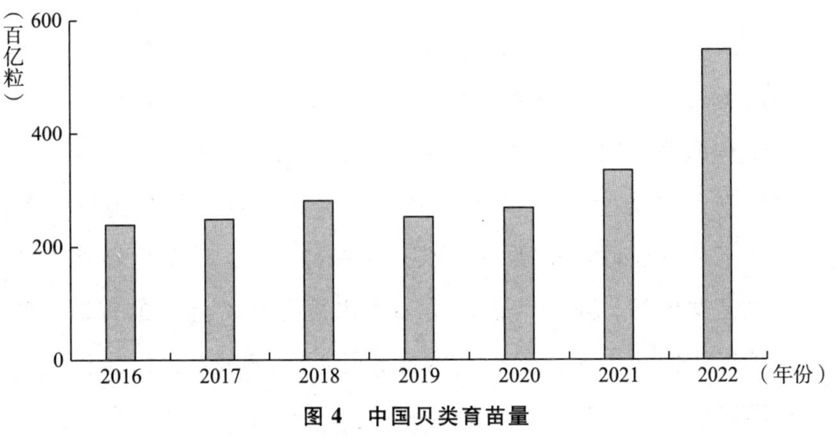

图4　中国贝类育苗量

资料来源：2017~2023年《中国渔业统计年鉴》。

综上所述，中国贝类产业目前正处于快速发展阶段，不仅在国内市场上占有重要地位，而且在国际竞争中具有竞争力。然而，要实现健康可持续发展，仍面临众多挑战。

二　影响中国贝类产业发展的主要因素

随着社会的不断进步，中国贝类产业的发展也受到多方面的影响。下面将从自然条件、科技进步、政策支持、市场需求、社会环境五个角度，阐述影响中国贝类产业发展的主要因素。

---

① 张同佳：《天津市经济贝类产业发展研究》，硕士学位论文，天津农学院，2021。

（一）自然条件

自然条件对中国贝类产业的发展有显著的影响。自然环境影响贝类产业的生态圈，对产业链也有潜移默化的影响。自然条件主要包括水质条件、生态环境与资源竞争、地理位置、气候条件与季节变化、自然灾害、海洋污染等。

贝类的生长离不开清洁的水源，水质的好坏直接影响贝类的生长速度和健康状况。水体中的营养物质、温度、盐度、pH 值等都是影响贝类生长的关键因素。例如，过高的水温可能导致贝类患病，而适宜的盐度则是贝类生长的基础条件。水质其实对于任何海洋生物来说，都是不可缺少的，正所谓“水是生命之源”，对于生活在水中的生物来说是这样的，对于我们人类来说水更是非常宝贵的资源，我们应该保护好我们的水质，保护好水源，让我们赖以生存的家园更加美好、充满绿色。

贝类养殖区域的生态环境，包括浮游生物的数量和群落结构，对贝类的生长至关重要。贝类的滤食活动能够影响浮游生物的分布，而浮游生物又是贝类食物链中的重要一环。自然条件还包括贝类与其他海洋生物的竞争关系。贝类与其他海洋生物共同生活在同一生态系统中，它们之间的食物链位置和资源竞争关系也会影响贝类产业的发展。[①] 食物链的稳定是促进各生物和谐稳定生长的前提条件，要保障生态环境的稳定，不要过度捕捞，不要破坏原有的生态池。生态环境一旦遭到破坏，不仅很难进行人工修复，甚至可能会造成濒危物种的灭绝，这对生态环境造成的危害将是不可逆的。

沿海地区的地理位置决定了其适合发展贝类养殖的程度。一些地区由于独特的地理环境，如海湾、滩涂等，更适合贝类生长，因此成为贝

① 于千钧、陶永朝、慕永通：《海洋酸化对中国贝类产业经济影响的初步研究》，《中国海洋大学学报》（社会科学版）2019 年第 2 期。

类产业的重要基地。“一方水土养育一方人”，贝类生命力是十分旺盛的，在适合它们生长的环境里，它们繁殖生长得更迅速，肉质可能也更加紧实，贝类所处的地理环境对它们来说是非常重要的。

气候变化对贝类产业也有着直接的影响。比如，风暴和台风等极端天气可能会导致养殖设施损坏，影响贝类的产量和质量。潮汐的周期性变化也会影响贝类的觅食和繁殖行为，而海流则会影响养殖区的水质和物质交换。季节的变化会影响海水的温度和光照条件，进而影响贝类的生长周期和繁殖季节。[①] 气候与季节的变化也会影响贝类产业的发展，适宜的气候条件、相对稳定的季节更适宜贝类的生长。在不同的季节，贝类的管理也应该进行合理调整，如果不做出及时调整，可能会造成贝类的迅速减少。

海洋污染是影响贝类产业发展的一个重要因素。污染物如重金属、塑料微粒、农药和化学物质等，都可能通过食物链积累在贝类体内，影响其生长并危害人体健康。我们应当提倡保护海洋，做到不向海洋乱扔垃圾，保护海洋就是保护我们人类自己。

（二）科技进步

科技进步可以提高贝类产业的生产效率和产品质量，减少对自然资源的依赖，从而在一定程度上减少自然条件对产业发展的限制。[②] 随着社会的发展，越来越多的人开始研究如何提高贝类的产量和质量，更好地满足消费者的需求，利用科技进步推动贝类产业的发展。通过科学研究与人工正确干预，可以促进贝类产业健康发展，在一定程度上弥补自然条件带来的种群数量减少的缺陷，通过建立一个虚拟的生态环境，保障贝类的生存，降低贝类对自然资源的依赖程度，也进一步减少贝类的

---

① 沈建、林蔚、郁蔚文等：《我国贝类加工现状与发展前景》，《中国水产》2008 年第 3 期。

② 阙华勇、张国范：《我国贝类产业技术的现状与发展趋势》，《海洋科学集刊》2016 年第 1 期。

生存限制。

（三）政策支持

政策支持也是一个重要的因素。政府对于海水养殖的政策导向、环境保护法规以及科研投入等都会对贝类产业的发展产生重要影响。许多人从事渔业养殖，政府对海水养殖的政策支持以及倡导大家从事水产品养殖行业，加大对贝类产业的研发投入，给市场提供了一个积极的信号，在解决就业问题的同时，使更多的人加入贝类养殖行业，促进贝类产业的良性发展。

（四）市场需求

市场对于贝类产品的需求也会影响产业的发展。随着人们生活水平的提高和对健康食品的追求，贝类产品的市场需求不断增加，这也促进了贝类产业的发展。很多人喜欢海鲜，对于贝类更是非常喜爱，贝类随着人们生活水平的提高逐渐成为餐桌上一道必不可少的美食。贝类肉质鲜美，再加上形状也非常好看，价格相对较低，所以人们的需求也会增加，这就会进一步促进贝类产业的养殖与扩张，对贝类产业的发展也是非常有利的。①

（五）社会环境

社会环境包括当地居民对贝类养殖的接受程度、文化传统以及与旅游业的结合等因素，这些都会对贝类产业的发展产生影响。沿海居民的生态保护意识增强，可能会对传统养殖方式产生影响。例如，红树林区域的贝类养殖场面临生态保护与经济发展的博弈。文化传统方面，部分地区特有的贝类饮食文化（如福建牡蛎节）为贝类产业提供了品牌增

---

① 王如才、郑小东：《我国海产贝类养殖进展及发展前景》，《中国海洋大学学报》（自然科学版）2004年第5期。

值空间，但宗教禁忌（如某些佛教地区的禁渔期）也会影响生产周期。旅游业融合方面，海南等地的“渔旅结合”模式，通过观光养殖体验提升了产品附加值，但游客活动带来的水体污染风险也需管控。由于这些社会文化因素的动态变化，贝类产业需要在可持续发展与经济效益间寻求平衡。

综上所述，自然条件对贝类产业的发展起决定性作用，而科技进步、政策支持和市场需求等因素也在不同程度上影响产业的发展。因此，合理利用和保护自然资源，并结合科技进步和管理创新，是推动贝类产业可持续发展的关键。

三　中国贝类产业发展面临的问题与挑战

中国贝类产业虽然在技术研发和应用推广方面取得显著成绩，但仍需面对和解决资源过度开发、环境污染、生物毒素风险、国际贸易壁垒带来的挑战，以保证产业的可持续健康发展。

（一）资源过度开发

资源并非取之不尽、用之不竭。2021 年，中国贝类国内捕捞量为 50.05 万吨，养殖产量为 1545.67 万吨。2022 年，中国贝类国内捕捞量为 49.46 万吨，养殖产量为 1588.56 万吨。从中可以看出，中国贝类养殖产量是国内捕捞量的 30 多倍，贝类的繁殖速度已经不能满足人类的需要，需要人工养殖来弥补。从数据上看，2022 年的养殖产量没有下降，反而在捕捞量下降的基础上有所增加。资源的开发需要控制在一个合理的范围，贝类也是如此，在不破坏生态的条件下，确定贝类合理开采量对中国贝类产业的发展将是一个不小的挑战。

（二）环境污染

环境对我们来说越来越重要。保护环境需要我们每个人都去自觉遵守，如此才能共同创建一个美好的家园。环境污染会对中国贝类产业发展造成不利的影响，导致贝类产量下降，无法满足消费者的需求，破坏贝类所处的食物链的平衡，导致出现一系列问题，因此，环境污染对中国贝类产业的发展也将造成挑战。

（三）生物毒素风险

中国贝类产业在发展过程中面临的生物毒素风险是一个不容忽视的问题。这些风险可能对消费者健康造成威胁，同时也会影响贝类产业的可持续发展。以下是中国贝类产业发展面临的一些生物毒素风险。

麻痹性贝类毒素（PSP）是由海洋中的某些浮游生物产生的，它们被贝类滤食后累积在体内，人类食用含有此类毒素的贝类后，可能会出现中毒症状，如麻木、瘫痪甚至死亡。腹泻性贝类毒素（DSP）同样来源于海洋浮游生物，能导致食用者出现腹泻等消化系统症状。神经性贝类毒素（NSP）会影响人体的神经系统，可能导致严重的健康问题。除了上述几类常见毒素外，还有多肽类毒素、聚醚类毒素和生物碱类毒素等，它们都可能通过食物链累积在贝类中，对人类健康构成威胁。

（四）国际贸易壁垒

据海关总署统计，2021年，中国水产品出口量为380.07万吨，出口额为219.26亿美元，进口量为574.74万吨，进口额为180.23亿美元，贸易顺差为39.03亿美元；2022年，中国水产品出口量为376.30万吨，出口额为230.31亿美元，进口量为646.98万吨，进口额为237.06亿美元，贸易逆差为6.75亿美元。从数据上可以看出，2022年贸易远不及2021年贸易，这可能是因为受新冠疫情的影响，国际贸易存在很大的挑战空间，要加强国际合作，打破国际贸易壁垒，促进中国贝类产业的发展。

四　中国贝类产业发展的建议

为促进中国贝类产业的高质量发展，本文将从以下四个方面提出建议，在保障消费者健康的同时，提升中国贝类产业的整体竞争力。

（一）保护环境，合理开发

我们要有责任心，将保护环境牢记心中，树立保护环境的观念。在资源开发上，要保障中国贝类产业的发展，合理开采，避免对资源造成破坏，将损失降至最低的水平。保护环境和资源，只有保护好它们才能保障好我们自己的健康，保护好生态环境的平衡，大自然馈赠给我们的资源才能“取之不尽、用之不竭”。

（二）科技创新，产业升级

贝类产业的发展推动了相关科技的创新，包括养殖技术、水质处理、疾病控制等领域的创新。随着产业的不断发展，从传统的捕捞和养殖向深加工、品牌建设、市场营销等方面延伸，促进了产业结构的优化和升级。要加大对贝类毒素研究的投入，探索更有效的预防和控制技术，提高贝类产品的安全性。在技术上发展和推广贝类净化处理技术，通过物理、化学或生物方法降低贝类产品中的毒素含量，确保食品安全。在保证科技创新的同时，保障消费者的健康，降低生物毒素对人体的损害。

（三）加强监测，增强意识

一方面，建立和完善贝类养殖海域的环境监测体系，及时发现并处理污染问题，制定严格的贝类产品质量标准和安全标准，加强对贝类产品的质量监管。另一方面，通过公众教育增进消费者对贝类食品安全的认识，引导消费者选择安全、健康的贝类产品。

（四）国际合作，互利共赢

加强国际合作，实现互利共赢的关键在于建立互信、平等和互利的合作关系，促进经济发展和繁荣。要加强国际合作，促进中国贝类走向世界，促进国际良好合作与竞争，可以采取完善国际组织和多边合作机制、签订双边和多边合作协议、推动贸易和投资自由化、加强人文交流等方式。加强国际贸易合作可以有效地保障渔民群体的收入水平，促进中国贝类产业的进一步发展。

（责任编辑：王圣）

城市竞争力提升视域下帆船运动发展评价

——基于中国青岛和德国基尔的比较

毛振鹏 *

摘　要　当前，人民群众对美好生活的需要日益增长，对海上体育休闲、航海运动体验等新兴消费产业的需求日益增加，帆船运动和帆船产业迎来新的发展机遇。近年来，青岛、三亚、深圳、珠海、厦门等沿海城市纷纷开展帆船运动，举办帆船赛事，发展帆船产业。其中，青岛从 2008 年北京奥运会帆船比赛开始发展帆船运动和帆船产业，被习近平总书记誉为世界著名的“帆船之都”。德国基尔则是举世公认的“帆船之都”。本文以青岛和基尔为例，运用定量和定性的方法，基于城市竞争力提升视角，对帆船运动和帆船产业发展进行评价分析，并在此基础上提出四项政策建议，试图为各个城市推动帆船运动和帆船产业发展提供理论借鉴和智力支持。

关键词　帆船运动　青岛　基尔　帆船产业

中国特色社会主义进入新时代，中国社会主要矛盾已经转化为人民日益增长的美好生活需要和不平衡不充分的发展之间的矛盾。这种变化为帆船运动和帆船产业发展带来新的机遇，海上体育休闲、航海运动体验、体育休闲健康等满足人民群众美好生活需要、健康幸福需求的新兴消费产业迎来快速增长周期。探寻适合中国帆船运动和帆船产业发展的

* 毛振鹏，博士，中共青岛市委党校（青岛行政学院）管理学教研部（青岛市情研究中心）副主任、副教授，主要研究方向为经济管理学。

路径显得尤为必要。在中国发展帆船运动和帆船产业的城市中，青岛从2008年北京奥运会帆船比赛开始，大力发展帆船运动和帆船产业，被习近平总书记誉为世界著名的“帆船之都”。[①] 德国基尔则是举世公认的“帆船之都”。本文以青岛和基尔为例，运用定量和定性的方法，对帆船运动和帆船产业发展的城市竞争力进行科学评价分析，并在此基础上提出政策建议，试图为各个城市推动帆船运动和帆船产业发展提供理论借鉴和智力支持。

一　帆船运动和帆船产业发展的理论研究

帆船最初诞生时，是一种重要的水上交通运输工具。19世纪，帆船运动在英美国家逐渐兴起。影响最大、声望最高的帆船赛事——美洲杯帆船赛就是从1870年开始举办的。1900年第2届奥运会将帆船运动列为重要比赛项目。帆船运动的兴起催生了帆船产业的发展，帆船产业是体育产业的重要组成部分。帆船产业发展一方面应讲求经济效益；另一方面应提高居民身体素质和海洋意识，振奋民族精神，促进人的发展和文明进步。

（一）体育产业增长极理论研究

体育产业增长极理论是指，拥有不同类型体育资源禀赋的区域，最大限度地发挥其核心体育资源的优势与潜能，具备构成体育产业增长极的潜力。如果相关产业政策加以引导与推动，使该增长极的“极化效应”得到充分发挥，那么该区域某一体育产业（或运动项目）将得到迅速发展，在区域内体育产业中占据主导产业地位，并逐步形成产业要素集聚态势，形成某一或若干体育资源的集聚地带；大中城市（或城

① 王永盛、许冠忠、刘成伟：《青岛市打造“帆船之都”的研究》，《中国体育科技》2006年第6期。

镇）极有可能成为体育产业的“极化中心”。帆船运动和帆船产业发展通常以滨海城市为依托，集聚各类要素资源。这些城市就成为帆船产业发展的“极化点”。而整个中国乃至“21 世纪海上丝绸之路”沿线城市发展帆船运动和帆船产业，就构成了若干个“极化点”。将这些“极化点”（沿海城市）进行连接，以点连线，就极有可能逐步形成包含经济能量与资金技术信息等元素的产业“极化带”。

（二）城市体育旅游产业发展理论研究

发展各类体育运动和体育产业可以对城市发展做出巨大贡献。[①] 通常，城市确立重点运动项目和主导型产业的依据主要是资源禀赋差异和市场需求差异。发展帆船运动和帆船产业往往是基于滨海运动资源优势和未来增量市场需求做出的政策选择，与帆船运动现有参与人数和存量市场需求的联系并不一定直接相关。体育运动不仅包括运动赛事、运动项目，而且包括俱乐部、体育博物馆等。体育赛事是一种城市景观，会对旅游者和本地市民产生巨大的吸引力[②]，对城市规划和城市发展也会产生重大影响[③]。体育产业包括体育产品和服务，以及相关经营活动的总和。体育运动和体育产业是人们娱乐休闲的载体，是城市休闲旅游的重要产品。[④] 开展帆船运动、举办帆船赛事、发展帆船产业，可以更好地彰显滨海城市特色和旅游优势，激发人类走向海洋、拥抱海洋、经略海洋的热情。

---

① Mike Weed and Chris Bull：《体育旅游》，戴光全、朱竑主译，郭淳凡校译，南开大学出版社，2006。

② K. Dewar, "An Incomplete History of Interpretation from the Big Bang," *International Journal of Heritage Studies* 6（2000）：175-180.

③ M. Roche, *Megaevents and Modernity*: *Olympics and Expos in the Growth of Global Culture*（London, Routledge, 2000）.

④ J. Kurtzman, "Inaugural Address-Sports Tourism International Council," *Journal of Sport & Tourism* 1（1993）：5-19.

（三）大型体育运动项目评价研究

大型体育运动项目评价体系是一个系统工程。国际奥委会从2008年北京奥运会开始，研究奥运会对举办城市乃至所在国家环境、社会、文化和经济等方面的影响，即“奥运会总体影响”（OGGI），并设计了150多个分析指标。国际奥委会还把奥运会遗产和影响监控问题写入《奥林匹克宪章》。国际奥委会试图通过OGGI项目监控举办奥运会的长期影响，并检验举办奥运会的目标是否实现，从而使奥组委、举办城市和举办国充分发挥奥运效应，优化奥运遗产。

二　中国帆船运动和帆船产业发展的基本特征

近年来，以北京奥运会帆船比赛为契机，青岛、三亚、深圳、珠海、厦门等城市的帆船运动和帆船产业取得了蓬勃发展。目前，帆船运动和帆船产业发展呈现以下特征。

（一）各个城市竞相发展帆船运动和帆船产业

青岛举办过奥帆赛，故其帆船运动发展具有先发优势。青岛成立了各类帆船运动组织，包括帆船赛事组织机构、帆船俱乐部、帆船运动队，向全国输送了一大批人才，有力地推动了中国帆船运动在主要沿海城市的发展。随着时间的推移，青岛先发优势的发展态势被打破，中国帆船运动和帆船产业发展态势已呈现多个城市竞相发展的格局。很多滨海城市争相发展海上休闲体育项目和相关产业。例如，海南省充分利用中央赋予海南经济特区改革开放新使命、支持其全面深化改革开放的政策机遇，紧紧抓住建设海南自由贸易港的发展契机，在三亚等沿海城市加快发展帆船运动和帆船产业，各类基础设施建设水平加速提升。其他城市，如日照提出打造“水上运动之都”的口号；威海也引进霍比帆船赛等高端休闲体育赛事，在彰显城市特色的同时，带动了旅游休闲产业的快速发展。

（二）帆船运动的群众基础尚需进一步扩大

青岛、厦门、三亚等城市依托优越的海洋自然环境，建设了很多高质量的帆船运动设施，举办了很多大型帆船赛事，取得了良好的效果。但总体来说，帆船运动体验活动开发得不多，参与性不强，帆船运动的群众基础尚需进一步扩大。例如，帆船、冲浪、摩托艇等海上休闲体育项目与旅游产业发展的联动机制还不完善，海上休闲体育市场还很不成熟。帆船文化演出、展览、游乐体验还缺乏多元化、立体化的展示体验载体，海上体育运动对游客和市民的吸引力不足。在帆船运动与城市生活的全方位融入方面还大有文章可做，在群众化、生活化、娱乐化、休闲化方面还有待探索。

（三）帆船产业化水平需进一步提升

研究表明，各个城市帆船运动和帆船产业发展对政策支持的依赖程度都比较高，产业发展的内生动力还未形成。政策依赖度高导致帆船产业发展长期以来局限于少数专业人群，无法贴近市场、谋求发展。其具体表现为，运营成本居高不下，帆船消费人群层次不高、规模不大，对产业发展的带动能力较弱。另外，帆船产业的经济带动能力有待进一步增强，其主要表现在帆船运动产业的融合程度不高，即帆船运动与生活融合、与展会融合、与教育融合、与文化融合、与旅游融合、与制造融合等方面还有诸多不足之处。

三　青岛帆船运动与“帆船之都”建设取得的重大进展

2008 年，青岛以筹备举办举世瞩目的奥运会帆船和帆板比赛为契机，持续推动青岛帆船运动发展，在传承海洋精神、塑造“帆船之都”形象、将帆船运动融入生活、发展海洋经济等方面取得巨大成绩，在城市形象营销、推动城市发展方面做出重要贡献、发挥多重效应，成为亚洲帆船运动发展的领军城市，进入世界知名“帆船之都”行列。

（一）在城市形象营销方面做出重要贡献

1. 提高城市知名度

自2009年起，每年8月中下旬，定期举办青岛国际帆船周。以“帆船之都 助推城市蓝色跨越”为主题，以奥帆文化交流、国际帆船赛事为核心板块，推出奥帆城市市长暨国际帆船运动高峰论坛、世界帆船运动名人系列活动、全球优秀航海文化作品展、千帆竞发海上巡游嘉年华等国际帆船文化交流和高端赛事，涵盖文化、旅游、帆船普及等40余项活动。克利伯环球帆船赛、国际极限帆船系列赛等一系列高端赛事的引进，在提升和完善青岛竞赛功能的同时，对于城市形象和品牌传播发挥了重要的推动作用。自2014年开始，青岛国际海洋节整体并入青岛国际帆船周。帆船周·海洋节整合了原有节庆品牌资源，实现了优势互补，荣膺中国最具国际影响力的十大节庆品牌之一，成为与德国基尔周相媲美的亚洲最大帆船盛会，成为符合国际标准的开放平台和传播载体。据英国凯度统计，关注克利伯环球帆船赛的全球观众累计达13亿人次；以此推算，10年间超过70亿人次关注青岛组织的帆船赛事及海洋节会活动。

2. 提升城市美誉度

近年来，青岛通过承办、举办多项高端帆船赛事活动，为世界帆船运动发展、中国帆船运动推广做出积极贡献。青岛成功创造了北冰洋东北航线首个世界纪录，青岛籍运动员郭川创造了单人不间断无补给环球航海世界纪录，青岛姑娘宋坤被中国帆船帆板运动协会授予“中国女子帆船环球航海第一人”荣誉称号。青岛先后荣获世界帆联、中国帆协等授予的“世界帆船运动发展突出贡献奖”“十年御风城市奖”“全国帆船运动发展突出贡献奖”等称号。每一次“青岛号”大帆船的航行都是一个流动的青岛城市形象宣传平台，每一次重要国际帆船赛事在青岛的举办都极大地提升了青岛的国际知名度，向世界展示了文明时尚的美丽青岛形象，加快了青岛与世界的交融，助力了青岛海上丝绸之路枢纽城市建设，提升了青岛“帆船之都”城市品牌价值和形象，推动了青岛由城市品牌向品牌城市的转变。

3. 提升群众参与度

一是围绕“帆船运动进校园”这一核心点，在青少年帆船运动普及上实现突破。至 2023 年，“帆船运动进校园”活动持续开展近 20 年，形成了政府主导、社会支持、青少年广泛参与的发展格局，有力促进了帆船运动普及率和开展水平的提升。青岛全市企业资助 OP 帆船 1000 余条，建立帆船特色学校 107 所，青岛市被国家体育总局水上运动管理中心授予“中国青少年帆船运动推广普及示范城市”称号，在历届省运会、省帆船帆板锦标赛、省冠军赛中获得 180 余枚金牌。二是围绕“欢迎来航海”这一关键点，促进帆船运动向社会各阶层的全方位拓展。通过政府购买服务的方式，委托帆船俱乐部面向市民开展免费帆船体验和培训，逐步扩大帆船知识普及面，稳步提升受众人群数量。累计有 50 余万人次听取了“帆船大课堂”帆船知识普及讲座，参与了各项帆船体验活动，青岛帆船运动城市普及推广和群众参与走在全国前列，通过帆船体验亲近海洋、了解海洋、热爱海洋已成为青岛海洋旅游热点。

（二）在推动城市发展方面发挥多重效应

1. 体现巨大推动力

一是推动体育与文化、旅游相结合。在国内首次推出“帆船之都”专项旅游产品，“帆船之都”建设放大了帆船运动的经济效应，带动了青岛船舶制造业、航海培训业、会展旅游业等关联产业发展驶入“快车道”。海上旅游已成为青岛旅游新热点，以帆船、游艇和豪华游轮为代表的旅游产业，逐渐成为青岛海洋经济新产业。2017 年，青岛帆船运动俱乐部有 20 余家，各类游艇制造企业有 20 余家。青岛玛泽润船艇公司承接了英国克利伯公司全球招标 12 艘环球远航赛船的建造工作，标志着青岛大帆船建造水平达到国际赛事标准；青岛邹志船厂生产的帆船远销欧美；青岛银海国际游艇俱乐部被中国交通运输协会命名为中国游艇（帆船）产业发展基地，成为中国第一处游艇帆船产业发展基地；克利伯环球帆船赛所用 70 英尺赛船全部实现青岛制造。二是以会展促进经济发展，以经济助推会展水平提升。每年节庆举办期间，奥帆中心主会场周边的餐饮、旅游、购物、商贸等业态都呈现井喷式发展的喜人态势。

2. 塑造核心竞争力

青岛借助奥帆赛、残奥帆赛成功打造了“帆船之都”的城市文化名片。近年来，通过系列国际帆船赛事的举办传承海洋精神，推动了青岛既有文化观念的创新、市民素质的提升和城市管理的革新以及城市海洋经济的发展。目前，在青岛积极打造的“帆船之都”“音乐之岛”“影视之城”等多张城市名片中，“音乐之岛”在国际音乐节的助力下得到迅速发展，但由于近几年国际音乐季活动间断，“音乐之岛”品牌打造进入了停滞阶段；“影视之城”城市品牌打造在经历了巨大的资源投入之后，取得了很大进展，东方影都建设基本完成，“金凤凰奖”永久落户青岛凤凰岛，上合组织国家电影节成功举办，获得世界“电影之都”称号等。但是与上海、北京等地的影响力相比，青岛还有较大差距，公众的认可度不高，“影视之城”品牌建设尚处于起步阶段，可谓任重道远。调查显示，与“音乐之岛”“影视之城”相比，公众对“帆船之都”品牌的认同程度较高，“帆船之都”已经成为海内外知名的城市品牌，成为构筑城市核心竞争力的战略路径；“许多船只从这里起航追求梦想”已经成为青岛城市精神、市民风貌、奋斗状态的写照。

3. 显示强大吸引力

在重大赛事组委会的领导下，有关部门围绕打造“帆船之都”城市品牌、建设国际海洋名城的战略目标，以高度的文化自觉和文化自信统筹海洋与大陆两种文化形态，通过引进克利伯环球帆船赛、沃尔沃环球帆船赛、国际极限帆船赛，申办世界杯帆船赛亚洲（青岛）站等高端赛事，举办国际航海博览会及国际游艇展、国际海洋文化节，特别是伴随上合组织青岛峰会的召开，奥帆中心的知名度大大提升，成为山东省体育旅游示范基地和国家滨海旅游休闲示范区，成为集帆船运动、旅游休闲、参观游览、购物娱乐等多个功能于一体的综合旅游服务区，成为“帆船之都”、美丽青岛的时尚新客厅。帆船运动极大地增强了青岛对国内外游客乃至创业创新人才的吸引力；“帆船之都”极大地增强了青岛市民的自豪感、凝聚力，使青岛迈入了品牌城市发展的新阶段，实现了知名度、美誉度、参与度的大幅提升。

四　帆船运动和帆船产业发展评价指标体系构建

中国帆船运动和帆船产业发展在前期政策推动下获得了较快发展，取得了较大成绩。但受到帆船运动参与人群和消费市场规模的限制，帆船运动和帆船产业发展处于瓶颈期。[①] 如何在前期基础上突破瓶颈，进一步提升帆船运动水平，扩大帆船市场规模，成为各个城市加快帆船运动发展和帆船产业建设所必须面临的问题。对照世界上知名的“帆船之都”基尔，其帆船运动已有150年的历史，而中国大多数城市发展帆船运动和帆船产业刚刚走过十多个年头，对照“世界著名帆船之都”的目标要求，还需要不断传承、不断打造、持续积累。

---

① 王惠：《高校帆船运动的可持续发展研究——以厦门市为例》，《体育科学研究》2018年第4期。

习近平总书记提出“世界著名帆船之都”的目标要求，不仅为青岛未来帆船事业发展指明了方向，同时也为全国发展帆船运动和帆船产业的城市树立了目标。基于此种考量，本文选取了享誉世界的“帆船之都”——德国石勒苏益格-荷尔斯泰因州（简称“石荷州”）的州府基尔市作为评价指标体系的设计参考和对标对象。在德国，基尔举办的“帆船周”是与慕尼黑啤酒节齐名的盛大节会。基尔之所以成为世界公认的“帆船之都”，很大程度上取决于整个石荷州提供的帆船运动和产业资源，包括基础设施和消费人群。除了基尔之外，西班牙的巴塞罗那、新西兰的奥克兰也是全球著名的“帆船之都”。泰国普吉岛的帆船运动也在亚洲城市中居于领先位置。本文在理论梳理基础上，以基尔的帆船运动和帆船产业发展的实证研究为重点，结合对巴塞罗那、普吉岛帆船运动和帆船产业发展的比较研究，并结合青岛、厦门、三亚等地的基本情况，构建帆船运动和帆船产业发展的城市竞争力评价指标体系。[①]

评价指标体系共包括6个一级指标和23个二级指标（见表1）。一级指标包括自然条件、经济基础、帆船赛事、帆船运动、帆船产业、帆船城市品牌建设六类指标。其中，前两类指标是帆船运动发展和“帆船之都”建设的基础，后四类指标是帆船运动、产业和城市品牌打造的基本内容。这六类指标应当居于同等重要的地位。[②] 该指标体系选择的23个二级指标涉及帆船运动和产业发展、城市品牌建设的主要方面，具有较强的代表性。[③] 基于前期研究，本次指标考核采用均等赋权的方法，即简单平均法，也即6个一级指标的赋权分值均为100/6分。其他二级指标的分值再根据每一个一级指标所包含的二级指标的个数 n 予以均分，即（100/6）/n 分。

---

① 何龙斌：《我国三大经济圈的核心城市经济辐射力比较研究》，《经济纵横》2014年第8期。

② 司增绰：《港口城市港口基础设施与地区经济集聚相关性研究：连云港市与日照市的比较》，《经济体制改革》2012年第1期。

③ 高进田：《环渤海区域城市经济发展比较与滨海新区独特发展战略》，《现代财经（天津财经大学学报）》2009年第9期。

表 1　帆船运动和帆船产业发展评价指标

一级指标	二级指标	单位	城市 A	城市 B
自然条件	陆地总面积	平方公里		
	海域面积	平方公里		
	海岸线长度	公里		
经济基础	地区生产总值	亿美元		
	地区生产总值增速	%		
	人均地区生产总值	万美元		
	常住人口	万人		
	人口密度	人/公里^2		
帆船赛事	帆船赛事数量	项		
	奥运会帆船赛事次数	次		
	参赛国数量	个		
	帆船周参赛帆船数量	条		
	帆船周历史	年		
帆船运动	参与帆船运动的人数	万人		
	帆船数量	条		
	帆船码头泊位	个		
	帆船码头数量	个		
帆船产业	帆船制造产值	亿元		
	帆船游艇数量	艘		
	帆船周游客	万人		
	帆船周旅游收入	亿元		
	帆船俱乐部数量	个		
帆船城市品牌建设	“帆船之都”品牌知晓率（中国人）	%		

五　帆船运动和帆船产业发展评价的实证研究

本文选择基尔和青岛作为实证研究的样本城市，开展比较研究。

青岛由于举办过北京奥运会帆船比赛，在帆船运动和帆船产业发展方面具有领先优势。本文将青岛与基尔做比较研究，结合定性和定量研究方法，探究中国与世界先进水平之间的差距，并据此提出有针对性的建议。基尔位于北纬54°左右，青岛位于北纬36°左右，同属北温带。基尔受北大西洋暖流影响，比同纬度地区的气温偏高，所以青岛与基尔的气候条件比较类似。本文在理论梳理基础上，调研获取基尔帆船运动和帆船产业的实证数据，与青岛的基本情况做比较和评价研究，得出帆船运动和帆船产业发展的自然与经济基础指数、帆船活动指数、帆船城市品牌建设指数三个指标数据（见表2）。

表2　帆船运动和帆船产业发展评价研究——青岛与基尔

一级指标	二级指标	单位	青岛	青岛得分（分）	基尔	基尔得分（分）
自然条件	陆地总面积	平方公里	11282	5.28	11865	5.56
	海域面积	平方公里	12.83	5.56	10.66	4.62
	海岸线长度	公里	730	3.34	1213	5.56
经济基础	地区生产总值	亿美元	2242	3.33	847.5	1.26
	地区生产总值增速	%	5.9	3.33	-0.27	-0.15
	人均地区生产总值	万美元	2.17	1.86	3.88	3.33
	常住人口	万人	1037	3.33	296	0.95
	人口密度	人/公里^2	919	3.33	249	0.90
自然与经济基础指数				29.36		22.03
帆船赛事	帆船赛事数量	项	9	1.88	16	3.33
	奥运会帆船赛事次数	次	1	1.67	2	3.33
	参赛国数量	个	22	1.47	50	3.33
	帆船周参赛帆船数量	条	100	0.17	2000	3.33
	帆船周历史	年	9	0.22	136	3.33

续表

一级指标	二级指标	单位	青岛	青岛得分（分）	基尔	基尔得分（分）
帆船运动	参与帆船运动的人数	万人	2	0.06	130	4.17
	帆船数量	条	1050	0.04	100000	4.17
	帆船码头泊位	个	220	0.04	23000	4.17
	帆船码头数量	个	2	0.03	250	4.17
帆船产业	帆船制造产值	亿元	2	0.18	36.2	3.33
	帆船游艇数量	艘	10000	1.19	28000	3.33
	帆船周游客	万人	80	0.89	300	3.33
	帆船周旅游收入	亿元	13.98	0.84	55.67	3.33
	帆船俱乐部数量	个	28	2.75	34	3.33
帆船活动指数				11.42		50.00
帆船城市品牌建设指数	“帆船之都”品牌知晓率（中国人）	%	76	16.67	10	2.19
帆船运动和帆船产业发展指数				57.45		74.22

在帆船运动和帆船产业发展指数方面，基尔得分是74.22分，青岛得分是57.45分，二者有一定差距。其中，在自然与经济基础指数方面，基尔得分是22.03分，青岛得分是29.36分，尽管两个城市陆地总面积、海域面积相差不大，青岛还是在这一方面有一定优势。较长的沙滩海岸线为帆船运动发展提供了良好的自然环境；快速发展的经济和庞大的消费人群为青岛帆船运动发展提供了广阔的潜在市场，成为青岛帆船运动和帆船产业发展的强大拉力。

在帆船活动指数方面，青岛与基尔的差距比较大，基尔得分是50.00分，青岛得分是11.42分。这主要是因为，中国帆船运动发展主要采取政府主导模式，在奥帆赛事的推动下，政府大力支持大型帆船赛事举办。在帆船运动、帆船产业方面，青岛与基尔的差距巨大。这是因为青岛帆船运动的群众基础和帆船产业基础比较薄弱，这也是中国各个城市普遍存在的问题。因此，进一步扩大帆船运动的群众基础（包括参与者和观众），夯实帆船运动的产业基础，是中国帆船运动和帆船产业发展必须面对的课题。

在帆船城市品牌建设指数方面，基尔得分是 2.19 分，青岛得分是 16.67 分。该指标的获取主要基于面向中国公众的问卷调查。受调研时间和调研条件所限，本文主要采用了一个指标——“帆船之都”品牌知晓率（中国人），而且此指标的调查仅面对中国人。[①] 本文选取北京、上海、山东、四川四省市的 20 个城市展开调查；随机选取了 100 名成年人（18~60 岁）作为调研对象。为了提升问卷调查的针对性，笔者还调查了公众对青岛“啤酒之都”“影视之城”“音乐之岛”等城市品牌的知晓率，分别是 92%、20%、7%。调查得知，中国公众对于青岛“帆船之都”的认可程度较高，青岛在帆船城市品牌打造方面似乎拥有较大优势。但认真分析其原因，不难发现，中国帆船运动缺乏群众基础，帆船运动的参与者和观众都比较少。由于公众对帆船运动缺乏了解，德国基尔作为“帆船之都”的影响力自然十分有限，不为公众所知。但是青岛充分利用举办北京奥运会帆船比赛的契机，打造“帆船之都”城市品牌，已经深入人心。所以青岛基于中国公众问卷调查的帆船城市品牌建设指数得分较高，但并不能准确反映其帆船运动和帆船产业的发展程度。综合“帆船之都”品牌知晓率的调查，本文可以得出两个结论：一是经过十多年的努力，青岛“帆船之都”这一城市品牌获得中国公众的广泛认可，已经成为重要性仅次于“啤酒之都”的城市品牌（“帆船之都”品牌知晓率为 76%）；二是中国帆船运动的群众基础比较薄弱，公众特别是内陆群众对帆船运动的了解和参与程度比较低，说明中国帆船运动发展还有很长的路要走。

① 白银锋：《城市文化品牌的营销模式探究》，《统计与决策》2014 年第 20 期。

六 帆船运动和帆船产业发展的对策建议

开展帆船运动、举办帆船赛事、发展帆船产业，应当坚持市场机制，综合运用产业组织、产业结构、产业发展理论和研究工具进行科学的空间地理布局与产业结构调整，诱导形成帆船运动和帆船产业资源最丰厚的中心城市，集聚企业、技术、资本、人才、赛事等核心要素资源，向邻近区域辐射，与其他发展帆船运动和帆船产业的滨海城市充分交流合作，以点连线、以线带面，不断增加帆船运动参与人数和扩大帆船产业规模，提升帆船产业对城市经济的贡献水平。

（一）制定海上运动发展意见

目前，中国帆船、帆板、摩托艇、冲浪、游艇等海上运动蓬勃发展，形成了越来越庞大的参与人群和观赏人群，产业规模也不断扩大。文化和旅游部、国家体育总局有必要联合牵头，制定海上运动发展意见，应包含国际知名的帆船运动赛事、影响广泛的游艇休闲活动、群众参与的海上休闲运动等众多内容，同时鼓励重点发展帆船运动和帆船产业的城市在城市建设风貌、城市文化特色、居民生活方式等各方面充分体现海洋特色、帆船特征，在世界范围内提高知名度、彰显美誉度、提升影响力。[①] 海上运动发展意见还应包括促进帆船运动和帆船产业发展的法律法规，尽快制定比赛用的帆船（艇）进出口岸政策，为帆船运动和帆船产业发展提供制度保障。该意见还应对“帆船之都”城市品牌的发展和使用做出明确规范[②]，促进帆船运动和帆船产业快速健康发展。

---

① 万翠琳：《体育赞助营销企业品牌知晓度的影响——中国企业体育赞助的实证研究》，《北京体育大学学报》2010 年第 5 期。

② 郑婕、李明：《论海洋体育对增强国民海洋意识的作用》，《北京体育大学学报》2013 年第 6 期。

（二）完善海上运动设施建设

以帆船运动为代表的海上运动是发展海上运动产业的基础，而发展海上运动往往需要完善的海上运动设施。调研表明，很多滨海城市在开展帆船运动的早期将帆船运动作为城市品牌来打造，主要是举办帆船赛事，吸引观光旅游者。因此，很多城市海上运动设施布局往往过度集中，不利于群众深度参与。需要推动海上运动设施沿城市中心岸段向郊区岸段展开建设，建设海上休闲长廊，打造国际一流水准的海上休闲运动基础设施群。[①] 海上运动包括帆船运动、帆板运动、摩托艇运动、冲浪运动等各种类型，具有一定相似性，很多设施可以通用。[②] 因此，大力发展各类海上运动，丰富海上关联运动内容，可以有效提升海上运动设施的利用效率。

（三）提升国际合作交流水平

帆船运动是一项风靡全球的运动。加强国际国内各个城市间的合作，是加快帆船运动和帆船产业发展的必要举措。假如全球开展帆船运动的城市串成一条线，那这条线与“21 世纪海上丝绸之路”有很大重合性和关联性。中国开展帆船运动、发展帆船产业，应当立足国内，同时加强与俄罗斯、日本、韩国、新加坡、马来西亚、印度等国家的城市合作，开发“21 世纪海上丝绸之路”休闲体育发展带。远期设立以青岛为起点，环中国沿海城市南下至马六甲，西向沿印度、阿曼、南非，至欧洲的基尔，南向以墨尔本为终点的亚太地区帆船巡回赛，涵盖泰国、新加坡、澳大利亚、新西兰等国家。在此基础上，以国内帆船节庆活动为载体，深化与德国基尔周、法国布雷斯特航海节等帆船节庆的互动。承办克利伯环球帆船赛、国际极限帆船系列赛、帆船世锦赛等国际顶级

---

① 施春来：《基于国际化视野的城市品牌建设的思考——瑞士巴塞尔（Basel）城市品牌运作的启示》，《福建论坛》（人文社会科学版）2014 年第 7 期。

② 盛红、刘曙光、陈洵：《我国海上运动旅游发展问题研究——以青岛市为例》，《人文地理》2004 年第 5 期。

赛事，推进中国帆船产业积极参与全球分工，帆船运动水平不断提升。

（四）推动城市帆船普及工作取得更大实效

推动帆船普及，扩大帆船运动的群众基础，构建帆船运动发展的内生动力机制，应当是中国帆船运动和帆船产业发展的重点。一是大力发展和普及青少年帆船运动。在开展帆船运动的沿海城市深入开展“帆船运动进校园”活动，编写和推广有关帆船内容的教材，将帆船教学纳入各帆船特色示范学校体育教学体系。依托各俱乐部和训练基地，以完善青少年帆船考核等级标准为抓手，开展青少年的帆船培训和驾驶培训，使喜好帆船运动的青少年都能不同程度地掌握帆船、帆板驾驶技能，拓宽青少年帆船人才培养渠道。通过选派青少年帆船运动员和教练员赴帆船运动发达国家进行交流，加强体育教师和帆船教练员的技能培训，提升帆船教育培训质量。二是稳妥有序地探索全民帆船普及活动新模式，通过政府向社会力量购买服务等措施，打造群众性帆船运动赛事品牌，引导全民帆船普及活动的科学化、产业化运作，扩大全民帆船普及活动影响力和受众人群，使帆船普及市民化、常态化。三是开发符合中国人身体特点、审美情趣、消费习惯、消费能力的帆船运动项目，推动公益性帆船设施建设。进一步扩大帆船运动的群众基础，让每一位市民玩得好、玩得起帆船运动，让帆船运动走进市民生活，使海水浴场人头攒动转换成帆影攒动。

帆船运动发展要做到更加本土化，更加符合中国人民的审美情趣和价值取向，开发出更符合中国消费者需求的帆船产品，从而进一步丰富人民美好生活，更好地满足游客和本市市民对受尊重需要和自我实现需要的满足，增强人民群众的获得感和幸福感，增强人民群众对帆船运动和帆船产业发展的认同。

（责任编辑：鲁美妍）

中国沿海城市社会经济—资源—环境耦合协调发展分析*

徐　胜　宋宪迪　刘宇昊**

摘　要　中国沿海城市在经济快速发展的背景下，面临资源利用与环境保护之间的矛盾。本文基于熵值法、三系统耦合协调度模型、核密度分析，对中国沿海 53 个地级市 2003~2020 年的经济—资源—环境（ERE）三系统耦合协调度进行定量分析。结果表明：在样本期内，中国 53 个沿海城市 ERE 系统耦合协调水平表现为低度、中度、高度三个阶段，总体呈现向高度转变的特征；沿海城市间耦合协调度差异明显，两极分化情况严重，深圳、东莞、珠海、广州等 10 个城市协调水平最高，其余城市协调水平较低；协调差异的限制性因素主要是经济系统，资源系统的影响处于中等水平，环境系统的影响最小。基于此，本文在城市协调发展、补齐经济短板、制定区域差异化政策方面提出对策建议。

关键词　耦合理论　协调发展　沿海城市

引　言

党的二十大报告指出“推动绿色发展，促进人与自然和谐共生”，

---

* 本文是国家社会科学基金重大专项“新时代海洋强国指标体系与推进路径研究”（18VHQ003）的阶段性成果。

** 徐胜，中国海洋大学经济学院教授、博士生导师，中国海洋大学海洋发展研究院高级研究员，主要研究方向为经济结构转型与绿色金融、海洋经济；宋宪迪，中国海洋大学经济学院硕士研究生，主要研究方向为公司金融、海洋经济；刘宇昊，中国海洋大学经济学院博士研究生，通讯作者，主要研究方向为碳金融、海洋经济。

核心要义是提高资源开发能力，着力推动城市经济向质量效益型转变，处理好经济增长与生态环境的矛盾关系，使经济、资源、生态三系统全面协调发展。党的二十大报告针对优化中国区域开放布局明确提出：巩固东部沿海地区开放先导地位，提高中西部和东北地区开放水平。自1984年14个首批沿海开放城市确立以来，沿海城市始终走在中国改革开放的前沿，上海、深圳等沿海城市成为中国经济发展的“领头羊”，带动中国成为世界第二大经济体，经济总规模增加了177.6倍。2022年，沿海城市生产总值为35.47万亿元，占中国国内生产总值的29%。沿海城市由于区位优势和政策支持，经济飞速发展；人口密集、经济活动的增加和城市规模的扩大促使对资源需求的增加，围海造田开发海岸带极易对原有自然岸线造成破坏，沿海地区工业污水排放容易造成近海水域水质变差，海上油气开采容易造成油污难以分解等，以上因素不可避免地造成资源使用效率低下。结合沿海城市陆海兼备的环境特征，台风、暴风雨、海岸线侵蚀等自然灾害导致其生态系统脆弱。如何实现资源开发、环境保护与经济发展相互协调？如何全面、科学地评估沿海城市的协调发展水平、时空演化规律？回答好以上问题，对加快沿海城市经济由高速增长向高质量发展转变、发挥沿海城市对中国经济的带头作用、促进沿海城市生态文明建设和绿色可持续发展等具有重要意义。

早期关于经济增长和生态环境的研究经典理论是环境库兹涅茨曲线，在此基础上众多学者从曲线的适用条件、形状、拐点以及影响因素等方面展开了分析。[①] 彭水军和包群指出，经济发展与环境库兹涅茨曲线的估计结果在很大程度上依赖于指标构建、样本选取和估计模型的选择。[②] 后续研究发现，生态环境是一个庞大的系统，单一指标

---

① 许广月、宋德勇：《中国碳排放环境库兹涅茨曲线的实证研究——基于省域面板数据》，《中国工业经济》2010年第5期；王敏、黄滢：《中国的环境污染与经济增长》，《经济学》（季刊）2015年第2期。

② 彭水军、包群：《经济增长与环境污染——环境库兹涅茨曲线假说的中国检验》，《财经问题研究》2006年第8期。

衡量失之偏颇，应对其指标构建展开深入分析。[①] 耦合理论最初是描述复杂系统中相互作用和相互依赖关系的物理概念，后被引入社会科学。在社会科学中，耦合理论是指多个系统通过外部世界内外的各种相互作用相互影响的现象。协调是指多个系统之间一致和积极地发挥相互作用，反映了从无序到有序的整体趋势。[②] 迄今为止，耦合理论分析在社会经济、资源和环境上的应用已经比较成熟。[③] 吴玉鸣和张燕研究表明，在省域层面中国大部分区域的经济增长与环境发展尚处于低强度、低协调的低水平耦合阶段，并且存在明显的区域差异。[④] 进一步地，Xing 等在环境和经济耦合的基础上加入资源要素，构建了经济（E）—资源（R）—环境（E）三系统综合评价指标体系。在 ERE 中，经济、资源和环境子系统之间存在非线性相互作用，它们的性质和活动相互影响，决定了整个 ERE 复杂系统的演变；如果一个或多个相互关联的子系统表现异常，那么 ERE 系统的协调运行也将受到影响。[⑤] 已有学者从省域视角出发，从空间和时间双重维度进行分析，发现中国 31 个省域 ERE 耦合度和协调度在时序上逐年上升，在空间上存在明显集聚现象。[⑥]

余泳泽等通过对全国地级市的绿色全要素生产率进行测算，探究中国经济绿色发展水平差异，研究表明，沿海城市群绿色全要素生产率大

---

① 王淑佳、孔伟、任亮等：《国内耦合协调度模型的误区及修正》，《自然资源学报》2021 年第 3 期。

② R. Preiser, R. Biggs, A. de Vos, et al., "Social-ecological Systems as Complex Adaptive Systems," *Ecology and Society* 23 (2018): 46.

③ 张国俊、王珏晗、吴坤津等：《中国三大城市群经济与环境协调度时空特征及影响因素》，《地理研究》2020 年第 2 期。

④ 吴玉鸣、张燕：《中国区域经济增长与环境的耦合协调发展研究》，《资源科学》2008 年第 1 期。

⑤ Xing L., Xue M., Hu M., "Dynamic Simulation and Assessment of the Coupling Coordination Degree of the Economy-resource-environment System: Case of Wuhan City in China," *Journal of Environmental Management* 230 (2019): 474-487.

⑥ 姜磊、柏玲、吴玉鸣：《中国省域经济、资源与环境协调分析——兼论三系统耦合公式及其扩展形式》，《自然资源学报》2017 年第 5 期。

致经历了“先升后降再缓慢提升”的过程，与内陆城市呈现较大差别。[①] 沿海城市在中国经济快速增长的过程中表现突出，各项指标亮眼，其城市经济发展水平与生态环境有关话题也是学界重点讨论的范畴。很多研究从沿海城市群的层面出发，探讨了沿海城市群在城市经济韧性、产业结构分布[②]、创新效率[③]、生态效率[④]等方面都与内陆城市表现出巨大差异，且沿海城市群在经济综合利用效率、可持续发展水平[⑤]、污染物处理程度、碳排放量控制等方面都明显优于内陆城市。刘阳和秦曼率先聚焦沿海城市的经济—社会—生态协调发展水平，认为东部沿海城市的经济—社会—生态协调发展水平对中国经济绿色发展起到模范带头作用，但其研究采用城市绿色效率衡量城市经济—社会—生态协调发展水平，对于指标衡量的全面性可以做进一步拓展。[⑥]

由上述分析可见，随着研究的不断深入，经济—资源—环境三系统耦合可以更全面地衡量地区协调发展水平，但较少有研究从地市级层面展开深入研究；沿海城市与内陆城市在经济发展、环境资源禀赋等方面差异较大，现有研究大多是从沿海城市群展开分析，或者从全国地级市出发，在异质性分析部分探讨沿海城市和内陆城市的差异，较少有文献将研究目标直接聚焦沿海城市，未能准确选取模型以对样本进行全面衡量。因此，本文基于沿海 53 个城市构建 2003～2020 年社会、资源与环境三系统综合评价指标体系，估计 ERE 系统的耦合度，衡量沿海城市

---

① 余泳泽、杨晓章、张少辉：《中国经济由高速增长向高质量发展的时空转换特征研究》，《数量经济技术经济研究》2019 年第 6 期。

② 彭荣熙、刘涛、曹广忠：《中国东部沿海地区城市经济韧性的空间差异及其产业结构解释》，《地理研究》2021 年第 6 期。

③ 盛彦文、骆华松、宋金平等：《中国东部沿海五大城市群创新效率、影响因素及空间溢出效应》，《地理研究》2020 年第 2 期。

④ 任宇飞、方创琳、蔺雪芹：《中国东部沿海地区四大城市群生态效率评价》，《地理学报》2017 年第 11 期。

⑤ 胡晨光、厉英珍、张迪等：《FDI 的基础设施偏好与城市经济增长：来自中国东部沿海 3 大都市带的证据》，《中国软科学》2023 年第 7 期。

⑥ 刘阳、秦曼：《中国东部沿海四大城市群绿色效率的综合测度与比较》，《中国人口·资源与环境》2019 年第 3 期。

ERE 系统的耦合协调水平，对沿海城市绿色协调发展具有重要意义。

一　研究设计

（一）指标选取说明

指标体系构建的合理性是影响经济、资源与环境关系的重要因素。为了使构建的经济、资源与环境三系统的综合指标评价体系更具有说服力，本文基于指标选取原则参考了《中国城市统计年鉴》《中国环境统计年鉴》《中国能源统计年鉴》，以及有关文献①，选取了 20 个测算指标，其中经济度量指标有 7 个，资源度量指标有 6 个，环境度量指标有 7 个，详细说明见表 1。

表 1　ERE 系统评价指标说明

系统	子系统	评价指标	单位	正/负	平均权重
经济	经济水平	人均地区生产总值	元	+	0.226
		人均固定资产投资	元	+	0.190
		金融机构人民币贷款余额/存款余额	%	+	0.052
		进出口额占地区生产总值比重	%	+	0.222
		人均社会消费品零售额	元	+	0.248
	产业结构	第二产业增加值占比	%	+	0.026
		第三产业增加值占比	%	+	0.036
资源	资源禀赋	人均供水量	立方米	+	0.287
		人均农林牧渔产值	元	+	0.103
		人均公园绿地面积	平方米	+	0.257
	资源消耗	单位地区生产总值电耗	千瓦时/万元	-	0.003
		人口密度	人/千米^2	-	0.009
		液化石油家庭用量	吨	-	0.340

① 郑晓敏、李兆友：《闽三角城市群生态安全与经济发展的耦合协调研究》，《地域研究与开发》2022 年第 6 期；薛明月：《黄河流域经济发展与生态环境耦合协调的时空格局研究》，《世界地理研究》2022 年第 6 期。

续表

系统	子系统	评价指标	单位	正/负	平均权重
环境	环境污染	年均 PM2.5 浓度	微克/米^3	-	0.228
		万元工业产值废水排放量	万吨	-	0.027
		万元工业产值二氧化硫排放量	吨	-	0.024
		万元工业产值烟尘排放量	吨	-	0.023
	环境治理	建成区绿化覆盖率	%	+	0.176
		污水处理厂集中处理率	%	+	0.424
		一般工业固体废物综合利用率	%	+	0.100

经济系统有经济水平、产业结构两个子系统。城市经济水平直接反映城市发展情况，其中人均地区生产总值是度量城市经济发展水平最普遍的指标，另外还包括投资指标、储蓄指标、出口指标和消费指标。产业结构的变化会直接影响经济的发展和稳定，不同产业部门的发展速度和贡献度不同，会对整体经济增长率产生影响。通常情况下，工业和服务业比农业具有更高的生产率和价值创造能力，可提供更多的就业机会，更容易吸收和应用新技术，因此随着产业结构向工业化和服务业化转变，经济增长率可能会提高，所以，本文选取了第二产业增加值占比与第三产业增加值占比来度量城市产业结构。资源系统包括资源禀赋和资源消耗两部分，资源禀赋决定了城市所拥有的自然资源的种类、数量和分布情况，其差异在很大程度上决定了不同地域的经济结构、发展路径和竞争力水平。然而，资源的过度消耗和不合理利用可能导致资源枯竭、环境破坏、生态系统崩溃以及社会经济问题的出现。因此，有效管理资源和避免资源不合理利用是实现经济可持续发展的重要举措。城市经济发展和资源开发对环境的影响是复杂而多样的，一方面，资源开发过程中污染物的排放造成环境污染，可能破坏生态环境和物种多样性；另一方面，随着经济发展，人们对环境质量的要求也越来越高，因此，人们会投入更多资源用于环境保护技术的研发与应用，进行环境治理，以减小环境污染带来的负面影响。因此，本文选取了环境污染和环境治

理来度量城市发展中的环境系统。

各层指标以及各子指标的选取可从不同方面体现城市的发展运行状态，为后文耦合协调分析奠定较好基础。

（二）数据标准化

由于单位与符号不同，表 1 列出的各项指标无法相互进行比较，为消除不同指标原始数据间量级、方向的差异，并且使其在跨地区和年份之间具有可比性，本文构建耦合协调度模型，首先对各指标的原始数据根据下述公式进行极差标准化处理。本文根据式（1）和式（2）对子系统中的各指标进行标准化，以解决度量单位不同和正负作用的问题。

$$v_{ijt} = \frac{V_{ijt} - \min V_{ijt}}{\max V_{ijt} - \min V_{ijt}}，正向指标 \tag{1}$$

$$v_{ijt} = \frac{\max V_{ijt} - V_{ijt}}{\max V_{ijt} - \min V_{ijt}}，负向指标 \tag{2}$$

其中，v_{ijt} 为去量纲化后的第 t 期城市 i 指标 j 的数值，V_{itj} 为原始指标，$\max V_{ijt}$ 和 $\min V_{itj}$ 分别为第 t 期城市 i 中指标 j 的最大值和最小值，并且各指标数值全部在［0，1］区间内。最后计算得出经济、资源与环境三系统的综合评价得分，公式如下：

$$U_{k,\ ijt} = \sum_{j=1}^{m} \lambda_{ijt} v_{ijt}，\sum_{j=1}^{m} \lambda_{ijt} = 1 \tag{3}$$

k 表示经济、资源、环境三系统中的任一系统，$U_{k,\ ijt}$ 表示在 k 系统中第 t 期城市 i 指标 j 的综合评价得分，并且各权重之和为 1。

（三）熵值法赋权

对于上述公式中的权重 λ，本文采取熵值法进行赋权，熵值法是一种客观赋权法，该方法根据数据本身信息特征来赋予权重，避免了主观因素的影响，具体步骤如下。

首先，求出去量纲化后的经济、资源与环境三个系统各个评价对象在该指标下的比重 p_{ijt}：

$$p_{ijt} = \frac{v_{ijt}}{\sum_{i=1}^{n} v_{ijt}}(i = 1, 2, \cdots, n; j = 1, 2, \cdots, m) \tag{4}$$

其次，求出经济、资源与环境三个系统各指标的熵值：

$$e_j = -\frac{1}{\ln n}\sum_{i=1}^{n} p_{ijt}\ln p_{ijt}(j = 1, 2, \cdots, m) \tag{5}$$

最后，通过熵值计算各系统每个指标的权重 λ_j：

$$\begin{gathered} d_j = 1 - e_j(j = 1, 2, \cdots, m) \\ \lambda_j = \frac{d_j}{\sum_{j=1}^{m} d_j}(j = 1, 2, \cdots, m) \end{gathered} \tag{6}$$

最终计算得出的各指标权重数值列示在表 1 中。

（四）耦合协调度模型

耦合协调度模型是一种有助于理解和分析复杂系统中各个部分之间相互作用和协调关系的工具，沿海城市经济、资源与环境三系统呈现“三位一体”的协调关系，因此本文借鉴王淑佳等设定的三系统耦合协调度模型[①]对沿海城市经济、资源与环境系统进行测度。三者计算公式如下：

$$C = \left[\frac{U_1 \times U_2 \times U_3}{\left(\frac{U_1 + U_2 + U_3}{3}\right)^3}\right]^{\frac{1}{3}} \tag{7}$$

① 王淑佳、孔伟、任亮等：《国内耦合协调度模型的误区及修正》，《自然资源学报》2021 年第 3 期。

$$T = \alpha_1 U_1 + \alpha_2 U_2 + \alpha_3 U_3 , \ \alpha_1 = \alpha_2 = \alpha_3 = \frac{1}{3} \tag{8}$$

$$D = \sqrt{C \times T} \tag{9}$$

其中，C 表示三个子系统的耦合度；T 表示三系统综合发展得分；α 为待定系数，能度量三系统重要性的权重。本文认为在城市发展过程中经济、资源与环境三者处于同等地位，因此人为设定三个系数均为 1/3。然而耦合度仅仅代表各系统间的作用强弱，无法衡量系统间的协调发展水平，为此引入耦合协调度 D ，其取值范围为［0，1］，D 值越大表明经济、资源与环境三系统的协调性越好。参考已有文献，耦合度和耦合协调度均划分为 4 个评价等级（见表 2）。

表 2　沿海城市经济、资源与环境耦合度与耦合协调度评价标准

耦合度（C）	耦合阶段	耦合协调度（D）	协调等级
［0，0.3］	低水平耦合阶段	［0，0.3］	低度耦合协调
（0.3，0.5］	拮抗阶段	（0.3，0.5］	中度耦合协调
（0.5，0.8］	磨合阶段	（0.5，0.8］	高度耦合协调
（0.8，1］	高水平耦合阶段	（0.8，1］	极度耦合协调

二　研究分析

（一）中国沿海城市 ERE 系统耦合协调度得分

根据耦合协调度评价标准，对 2003～2020 年中国沿海城市经济、资源与环境的耦合协调程度进行深入分析，具体结果如表 3 所示。

从沿海城市经济、资源与环境的耦合协调度的时变情况来看，各个城市的耦合协调度总体呈现上升态势，从 2003 年的低度耦合协调到 2011 年的中度或高度耦合协调，并且在 2020 年大部分沿海城市经济、资源与环境达到高度耦合协调（D>0.5）。这主要得益于可持续发展战

表 3　中国沿海城市 ERE 系统耦合协调度得分情况汇总

城市	2003 年	2004 年	2005 年	2006 年	2007 年	2008 年	2009 年	2010 年	2011 年	2012 年	2013 年	2014 年	2015 年	2016 年	2017 年	2018 年	2019 年	2020 年
珠海	0. 568	0. 576	0. 568	0. 655	0. 595	0. 616	0. 611	0. 640	0. 663	0. 675	0. 689	0. 681	0. 677	0. 688	0. 707	0. 714	0. 719	0. 705
舟山	0. 351	0. 357	0. 369	0. 386	0. 414	0. 428	0. 448	0. 459	0. 472	0. 477	0. 490	0. 500	0. 510	0. 528	0. 551	0. 563	0. 574	0. 586
中山	0. 442	0. 428	0. 445	0. 447	0. 448	0. 455	0. 457	0. 465	0. 472	0. 475	0. 513	0. 522	0. 534	0. 537	0. 534	0. 535	0. 528	0. 525
漳州	0. 329	0. 330	0. 360	0. 368	0. 379	0. 377	0. 397	0. 414	0. 429	0. 437	0. 442	0. 456	0. 467	0. 482	0. 495	0. 509	0. 520	0. 518
湛江	0. 316	0. 304	0. 305	0. 324	0. 328	0. 338	0. 347	0. 364	0. 380	0. 394	0. 408	0. 417	0. 428	0. 446	0. 443	0. 455	0. 468	0. 462
营口	0. 320	0. 339	0. 344	0. 347	0. 367	0. 374	0. 385	0. 406	0. 407	0. 418	0. 431	0. 438	0. 430	0. 416	0. 430	0. 427	0. 436	0. 442
阳江	0. 338	0. 329	0. 345	0. 338	0. 339	0. 350	0. 359	0. 381	0. 391	0. 400	0. 415	0. 420	0. 432	0. 431	0. 449	0. 465	0. 453	0. 454
盐城	0. 335	0. 338	0. 358	0. 364	0. 375	0. 377	0. 394	0. 404	0. 416	0. 433	0. 440	0. 458	0. 477	0. 487	0. 499	0. 508	0. 511	0. 521
烟台	0. 374	0. 387	0. 408	0. 420	0. 429	0. 445	0. 453	0. 471	0. 484	0. 493	0. 504	0. 511	0. 521	0. 532	0. 540	0. 547	0. 552	0. 560
温州	0. 331	0. 335	0. 336	0. 354	0. 363	0. 369	0. 375	0. 386	0. 402	0. 420	0. 430	0. 431	0. 437	0. 446	0. 451	0. 460	0. 470	0. 476
潍坊	0. 349	0. 361	0. 371	0. 379	0. 394	0. 410	0. 419	0. 425	0. 440	0. 451	0. 470	0. 478	0. 485	0. 495	0. 492	0. 501	0. 497	0. 505
威海	0. 377	0. 392	0. 404	0. 423	0. 431	0. 435	0. 443	0. 456	0. 463	0. 475	0. 492	0. 516	0. 527	0. 539	0. 544	0. 550	0. 544	0. 551
天津	0. 401	0. 422	0. 432	0. 426	0. 433	0. 449	0. 454	0. 472	0. 493	0. 505	0. 512	0. 526	0. 535	0. 542	0. 547	0. 548	0. 544	0. 548
唐山	0. 348	0. 365	0. 376	0. 377	0. 397	0. 419	0. 436	0. 457	0. 457	0. 468	0. 476	0. 480	0. 478	0. 487	0. 497	0. 504	0. 516	0. 532
台州	0. 327	0. 345	0. 353	0. 362	0. 378	0. 392	0. 401	0. 415	0. 428	0. 436	0. 444	0. 451	0. 458	0. 466	0. 479	0. 491	0. 496	0. 501
深圳	0. 789	0. 785	0. 778	0. 773	0. 769	0. 764	0. 755	0. 784	0. 786	0. 779	0. 771	0. 766	0. 766	0. 760	0. 751	0. 734	0. 730	0. 714
绍兴	0. 352	0. 359	0. 369	0. 383	0. 394	0. 401	0. 406	0. 420	0. 434	0. 443	0. 473	0. 484	0. 488	0. 497	0. 506	0. 518	0. 527	0. 537
上海	0. 501	0. 515	0. 516	0. 526	0. 533	0. 543	0. 540	0. 553	0. 559	0. 563	0. 565	0. 573	0. 575	0. 583	0. 590	0. 594	0. 601	0. 601
汕尾	0. 293	0. 289	0. 294	0. 303	0. 305	0. 298	0. 314	0. 322	0. 337	0. 348	0. 355	0. 357	0. 361	0. 364	0. 362	0. 374	0. 386	0. 397

续表

城市	2003年	2004年	2005年	2006年	2007年	2008年	2009年	2010年	2011年	2012年	2013年	2014年	2015年	2016年	2017年	2018年	2019年	2020年
汕头	0.355	0.355	0.379	0.378	0.376	0.374	0.391	0.405	0.411	0.417	0.430	0.438	0.446	0.443	0.453	0.465	0.474	0.472
厦门	0.484	0.497	0.517	0.534	0.549	0.562	0.554	0.569	0.579	0.584	0.588	0.591	0.596	0.599	0.622	0.625	0.622	0.618
三亚	0.344	0.351	0.369	0.383	0.390	0.401	0.417	0.454	0.470	0.491	0.508	0.532	0.541	0.554	0.579	0.577	0.576	0.587
日照	0.341	0.342	0.354	0.375	0.382	0.395	0.401	0.416	0.432	0.440	0.455	0.457	0.457	0.460	0.466	0.471	0.463	0.467
泉州	0.313	0.324	0.331	0.348	0.359	0.374	0.386	0.403	0.422	0.434	0.444	0.452	0.460	0.471	0.479	0.490	0.499	0.502
青岛	0.404	0.419	0.429	0.435	0.440	0.456	0.466	0.479	0.501	0.512	0.522	0.532	0.534	0.559	0.565	0.578	0.588	0.598
秦皇岛	0.340	0.356	0.362	0.364	0.375	0.387	0.388	0.406	0.419	0.422	0.427	0.433	0.434	0.441	0.446	0.451	0.455	0.460
钦州	0.263	0.260	0.279	0.290	0.335	0.316	0.319	0.329	0.350	0.356	0.366	0.377	0.389	0.395	0.402	0.404	0.420	0.428
莆田	0.309	0.319	0.330	0.334	0.345	0.353	0.363	0.379	0.395	0.401	0.416	0.419	0.426	0.432	0.447	0.457	0.465	0.469
盘锦	0.364	0.367	0.367	0.343	0.356	0.376	0.392	0.410	0.435	0.458	0.469	0.473	0.465	0.457	0.458	0.472	0.474	0.479
宁德	0.300	0.305	0.316	0.323	0.343	0.352	0.357	0.371	0.385	0.401	0.416	0.428	0.432	0.438	0.443	0.450	0.463	0.467
宁波	0.431	0.438	0.451	0.471	0.474	0.477	0.474	0.489	0.497	0.505	0.510	0.517	0.526	0.546	0.551	0.563	0.574	0.588
南通	0.335	0.357	0.370	0.376	0.384	0.404	0.410	0.424	0.436	0.452	0.461	0.473	0.486	0.495	0.506	0.515	0.525	0.540
茂名	0.323	0.326	0.319	0.324	0.327	0.332	0.346	0.364	0.373	0.384	0.392	0.406	0.410	0.425	0.433	0.440	0.455	0.461
连云港	0.304	0.311	0.337	0.344	0.350	0.358	0.371	0.380	0.393	0.408	0.413	0.423	0.444	0.457	0.471	0.468	0.478	0.482
锦州	0.316	0.320	0.320	0.331	0.341	0.351	0.360	0.374	0.398	0.411	0.427	0.434	0.432	0.414	0.420	0.432	0.443	0.432
揭阳	0.291	0.286	0.293	0.296	0.304	0.308	0.319	0.326	0.336	0.349	0.358	0.368	0.365	0.382	0.380	0.379	0.393	0.404
江门	0.366	0.368	0.370	0.371	0.389	0.391	0.400	0.423	0.433	0.447	0.453	0.464	0.470	0.481	0.489	0.499	0.519	0.515
嘉兴	0.337	0.364	0.378	0.384	0.396	0.408	0.413	0.430	0.439	0.445	0.452	0.457	0.461	0.466	0.481	0.478	0.491	0.494

续表

城市	2003 年	2004 年	2005 年	2006 年	2007 年	2008 年	2009 年	2010 年	2011 年	2012 年	2013 年	2014 年	2015 年	2016 年	2017 年	2018 年	2019 年	2020 年
惠州	0. 402	0. 403	0. 407	0. 406	0. 442	0. 422	0. 439	0. 450	0. 466	0. 484	0. 500	0. 501	0. 513	0. 521	0. 528	0. 530	0. 542	0. 547
葫芦岛	0. 337	0. 341	0. 344	0. 337	0. 342	0. 342	0. 343	0. 349	0. 362	0. 376	0. 382	0. 383	0. 374	0. 380	0. 394	0. 399	0. 395	0. 394
杭州	0. 430	0. 446	0. 451	0. 454	0. 461	0. 474	0. 487	0. 496	0. 509	0. 519	0. 528	0. 535	0. 547	0. 556	0. 565	0. 576	0. 588	0. 596
海口	0. 423	0. 432	0. 427	0. 424	0. 442	0. 446	0. 453	0. 463	0. 482	0. 481	0. 502	0. 511	0. 526	0. 523	0. 524	0. 530	0. 532	0. 534
广州	0. 466	0. 505	0. 516	0. 524	0. 532	0. 543	0. 559	0. 582	0. 593	0. 607	0. 627	0. 636	0. 654	0. 662	0. 659	0. 663	0. 679	0. 677
福州	0. 389	0. 404	0. 413	0. 419	0. 427	0. 441	0. 449	0. 470	0. 492	0. 502	0. 516	0. 529	0. 530	0. 544	0. 555	0. 572	0. 585	0. 596
防城港	0. 298	0. 297	0. 301	0. 313	0. 323	0. 339	0. 350	0. 367	0. 377	0. 392	0. 395	0. 403	0. 416	0. 434	0. 452	0. 452	0. 466	0. 471
东营	0. 376	0. 391	0. 416	0. 402	0. 416	0. 422	0. 436	0. 453	0. 464	0. 485	0. 499	0. 512	0. 520	0. 527	0. 547	0. 551	0. 527	0. 517
东莞	0. 554	0. 611	0. 443	0. 634	0. 665	0. 684	0. 691	0. 725	0. 740	0. 745	0. 754	0. 761	0. 771	0. 790	0. 791	0. 788	0. 792	0. 781
丹东	0. 327	0. 332	0. 325	0. 323	0. 333	0. 333	0. 346	0. 365	0. 379	0. 398	0. 410	0. 412	0. 401	0. 384	0. 392	0. 403	0. 393	0. 398
大连	0. 420	0. 432	0. 448	0. 459	0. 474	0. 490	0. 500	0. 521	0. 534	0. 550	0. 558	0. 553	0. 543	0. 526	0. 542	0. 564	0. 562	0. 554
潮州	0. 332	0. 337	0. 364	0. 390	0. 394	0. 386	0. 401	0. 415	0. 393	0. 379	0. 380	0. 410	0. 413	0. 392	0. 447	0. 450	0. 409	0. 433
北海	0. 314	0. 309	0. 316	0. 304	0. 316	0. 328	0. 343	0. 369	0. 380	0. 400	0. 415	0. 425	0. 436	0. 446	0. 458	0. 464	0. 470	0. 474
滨州	0. 305	0. 306	0. 320	0. 330	0. 342	0. 373	0. 386	0. 404	0. 418	0. 421	0. 430	0. 439	0. 445	0. 448	0. 462	0. 462	0. 457	0. 459
沧州	0. 267	0. 292	0. 309	0. 310	0. 322	0. 341	0. 346	0. 378	0. 387	0. 390	0. 402	0. 412	0. 420	0. 420	0. 429	0. 424	0. 432	0. 439

略的落实和经济向高质量发展转型。然而，部分城市的耦合协调度呈现降低的趋势，如深圳。这可能是因为深圳作为中国经济的重要引擎之一，长期以来面临着快速发展的压力，为了维持经济高速增长，可能会出现资源过度利用和环境污染的情况。此外，深圳作为高速城市化的代表，其经济发展吸引了大量人口涌入，进一步加剧了资源过度利用，从而降低了耦合协调度。

（二）中国沿海城市 ERE 系统耦合协调度核密度分布

为研究中国沿海城市经济、资源与环境三系统耦合协调的动态规律，本文通过核密度图进行分析，选取 2003 年、2011 年及 2020 年 3 个年份的数据分别进行测算。如图 1 所示，2003 ~ 2020 年峰值逐渐下降，表明沿海城市 ERE 系统耦合协调集中程度随着时间的推移逐渐降低，城市差异更为明显。核密度曲线向右移动，表明各城市 ERE 系统平均耦合协调水平不断提高。此外，三个年份核密度曲线都存在明显的右尾拉长情况，表明沿海城市 ERE 系统耦合协调性差异增大。2003 年、2011 年均为单峰型，2020 年出现双峰情况，说明沿海城市 ERE 系统耦合协调程度出现两极分化的现象。

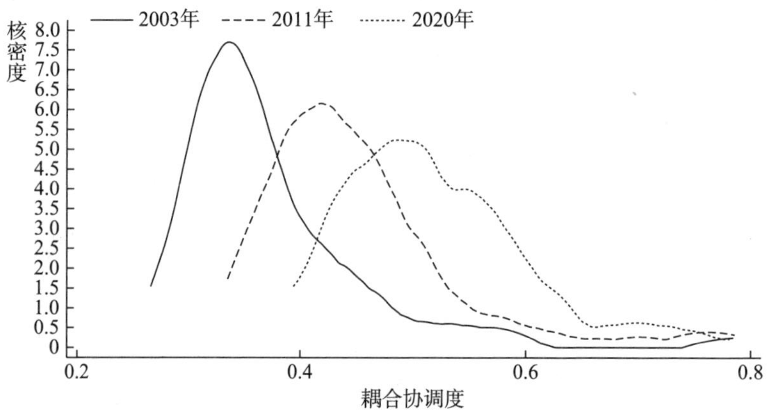

图 1　中国沿海城市 ERE 系统耦合协调度核密度分布

（三）中国沿海城市 ERE 系统平均耦合协调度

为了更好地厘清中国沿海城市协调发展的差异化程度，本文分别计算了 53 个沿海城市的平均耦合协调度，结果如表 4 所示。可以看出，各城市经济、资源与环境的平均耦合协调程度不高，大部分为 0.3～0.5，处于中度耦合协调水平，仅有青岛、宁波、杭州、大连、上海、厦门、广州、珠海、东莞、深圳 10 个城市的平均耦合协调程度达到高度耦合协调的水平，没有城市实现 ERE 系统极度耦合协调。由此可见，不同城市的协调发展情况差异较大，究其原因，高度耦合协调的 10 个城市以实现可持续发展目标为指导，科学构建城市空间，推动实现高质量发展、高品质生活和高水平治理，注重促进人与自然的和谐共生。在特大城市绿色转型进程中，重点关注关键议题，并统筹优化空间资源要素的配置。耦合协调度最高的 10 个城市中有 8 个属于南方城市，耦合协调度总体上呈现“南高北低”的空间分布状况。例如，广州积极发展循环经济和清洁能源，资源利用效率显著提高，“十一五”期间单位地区生产总值能耗累计下降 20.4%，单位地区生产总值用水量累计下降 46.8%；进一步优化产业布局，制定出台《广州市再生资源回收利用管理规定》，以扶持再生资源产业，实施产业“退二进三”战略，对重污染企业实施停业、关闭或搬迁的政策，2010 年广州工业废水排放达标率达到 96.7%以上，环境质量提升，实现了经济、资源与环境的平衡。与之相反，环渤海城市虽然工业基础雄厚、经济发达，但是资源相对匮乏，加之传统工业污染物排放量在很长一段时间居高不下，环境呈现恶化趋势，导致北方沿海城市耦合协调度较低。例如，葫芦岛是一个经济欠发达的地区，交通不便，吸引外资能力不强，当地经济结构以第二产业为主，主要包括机械制造、化工、冶金和建材等传统工业，成为“沿海经济陷落带”，目前仍把发展经济作为第一目标。

表 4 中国沿海城市 ERE 系统平均耦合协调度

城市	均值	最小值	最大值
汕尾	0.337	0.289	0.397
揭阳	0.341	0.286	0.404
钦州	0.349	0.260	0.428
葫芦岛	0.365	0.337	0.399
丹东	0.370	0.323	0.412
沧州	0.373	0.267	0.439
茂名	0.380	0.319	0.461
防城港	0.380	0.297	0.471
湛江	0.385	0.304	0.468
锦州	0.386	0.316	0.443
北海	0.387	0.304	0.475
宁德	0.388	0.300	0.467
莆田	0.392	0.309	0.469
阳江	0.394	0.329	0.465
潮州	0.396	0.332	0.450
营口	0.398	0.320	0.442
滨州	0.400	0.305	0.462
连云港	0.400	0.304	0.482
温州	0.404	0.331	0.476
秦皇岛	0.409	0.340	0.460
汕头	0.414	0.355	0.474
泉州	0.416	0.313	0.502
日照	0.421	0.341	0.471
台州	0.423	0.327	0.501
盘锦	0.423	0.343	0.479
漳州	0.428	0.329	0.520
盐城	0.428	0.335	0.521
嘉兴	0.432	0.337	0.494

续表

城市	均值	最小值	最大值
江门	0. 436	0. 366	0. 519
潍坊	0. 440	0. 349	0. 505
南通	0. 442	0. 335	0. 540
绍兴	0. 444	0. 352	0. 537
唐山	0. 448	0. 348	0. 532
东营	0. 470	0. 376	0. 551
舟山	0. 470	0. 351	0. 586
惠州	0. 472	0. 402	0. 547
三亚	0. 474	0. 344	0. 587
威海	0. 476	0. 377	0. 551
烟台	0. 479	0. 374	0. 560
海口	0. 481	0. 423	0. 534
中山	0. 487	0. 428	0. 537
天津	0. 488	0. 401	0. 548
福州	0. 491	0. 389	0. 596
青岛	0. 501	0. 404	0. 598
宁波	0. 505	0. 431	0. 588
杭州	0. 512	0. 430	0. 596
大连	0. 513	0. 420	0. 564
上海	0. 557	0. 501	0. 601
厦门	0. 572	0. 484	0. 625
广州	0. 594	0. 466	0. 679
珠海	0. 653	0. 568	0. 719
东莞	0. 707	0. 443	0. 792
深圳	0. 764	0. 714	0. 789

（四）ERE 子系统耦合协调度平均得分

为进一步分析各城市存在协调发展差异的原因，本文绘制了三个子系统的平均得分折线图。如图 2 所示，各城市经济系统平均得分存在显著差异，经济发展水平各不相同；东莞、深圳、珠海、广州的资源系统平均得分最高，除这 4 个城市，其余城市资源系统平均得分为 0.03~0.14，说明绝大部分城市的资源禀赋差距不大；环境系统的平均得分差异最小，表明生态环境不是影响 ERE 系统耦合协调度的主要因素。

本文进一步计算得出经济、资源和环境三系统方差分别为 0.0108、0.0068 和 0.0035。三系统中经济系统的方差最大，评分差距显著，表明部分城市经济发展繁荣，如深圳，其地理位置优越，便于海陆交通贸易，加之更早地实施对外开放政策，更容易吸引外商投资和开展国际贸易；而另外一部分城市经济发展出现明显滞后，如湛江、揭阳和汕尾等城市，这些城市发展仍应以经济建设为主。资源系统的方差处于中等水平，部分沿海城市如深圳和东莞的资源利用效率较高，推动了经济向知识密集型产业转型升级。环境系统的方差最小，环境评分较高的城市有三亚、海口，这可能是由于环境系统是一个调节和改造都比较慢的系统，如果环境遭到破坏，需要很长的时间才能恢复。

三 结论与建议

（一）研究结论

本文基于 2003~2020 年中国沿海城市数据，构建经济、资源与环境的综合评价指标体系。在指标选取上，遵循 ERE 系统的非线性和动态性，揭示了三个子系统及其各个要素之间的相互关系，展示出较强的科学性；在指标赋权上，使用熵值法对指标进行客观赋权，避免了主观判断的影响，在一定程度上使构建的指标体系更具有说服力，整个评价

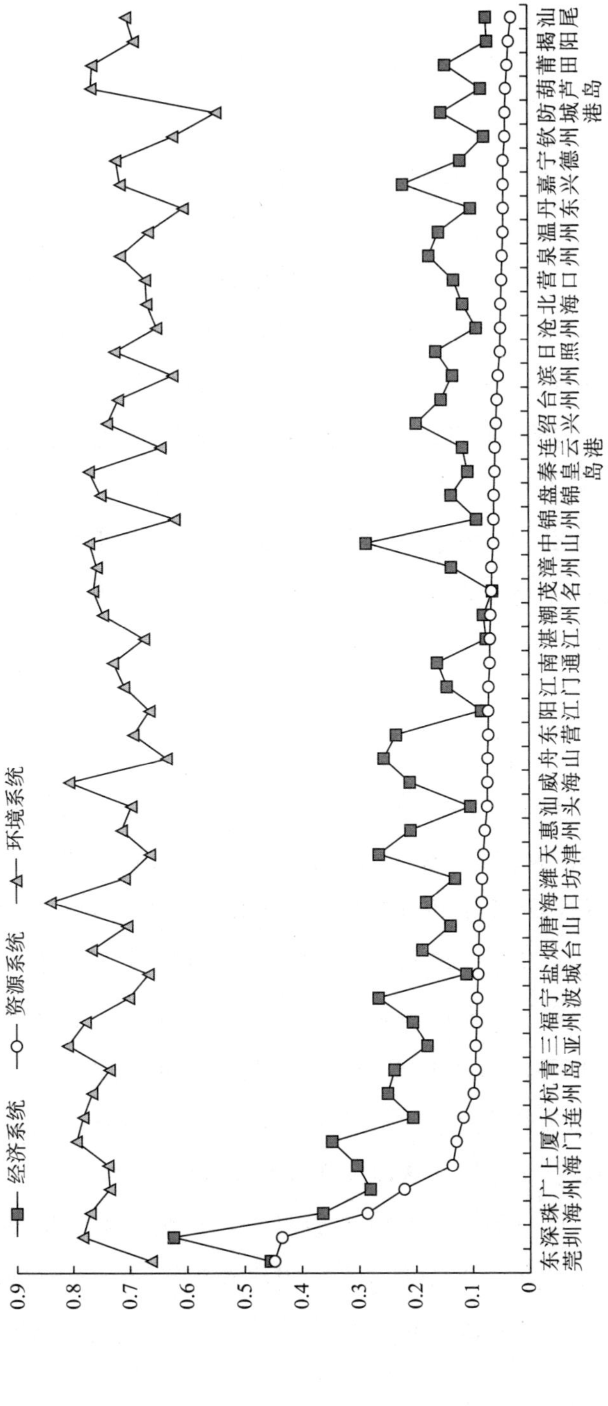

图 2　中国沿海城市ERE系统平均得分情况

指标体系与 ERE 系统的基本结构和功能高度契合。

本文采用耦合协调度模型计算各城市每年得分情况，探究沿海城市 ERE 系统耦合协调度的时空演化，发现各城市耦合协调水平包括低度耦合协调、中度耦合协调和高度耦合协调，没有城市达到极度耦合协调水平。2003～2020 年总体上呈现上升趋势，至 2020 年，所有沿海城市均达到中度或高度耦合协调水平。

本文进一步用核密度图刻画 3 个时点的差异程度，发现峰度变宽，差异程度随时间推移逐渐增大，在空间上存在明显的区域差异，深圳、东莞、珠海和广州等城市的耦合协调度显著高于其他城市，存在“南强北弱”的空间集聚效应，各区域间还存在较大差距，区域间相互促进、协调联动的发展机制尚未形成。

最后，本文分别测算了 53 个城市三个子系统的平均评价得分，发现经济发展水平是造成差异的主要原因，其次是资源禀赋差距，生态环境的影响最小。

（二）发展建议

第一，鉴于目前大部分沿海城市 ERE 系统耦合协调程度一般、不同城市子系统的得分差异较大的现状，本文提出以下建议：钦州、湛江、揭阳、汕尾经济系统评分较低，城市发展应当仍以经济建设为主，发展区域特色优势产业，驱动资源开发与环境保护；防城港、丹东、舟山、东莞的环境系统评分明显落后，应当建立合理的环保评价办法，降低城市污染，提高城市绿化水平，注重生态保护；温州、葫芦岛、莆田、汕尾资源系统的评分较低，应当合理利用资源，开发新能源，提高生产工艺和科学技术水平，从而提高资源有效利用率。

第二，鉴于在空间维度 ERE 系统耦合协调水平主要呈现“南高北低”的形势，本文提出以下建议：应当继续深入推进北部沿海经济带的建设，发挥好天津、青岛和大连的带头作用，构建经济相互交流、资源要素流动的良好循环机制，充分利用好当地优势，使区域间优势互补，促进区域协调和可持续发展。

第三，鉴于三个子系统影响 ERE 系统耦合协调度的重要程度，本文提出以下建议：对于经济欠发达城市，应当加大基础设施投入力度，优先建设交通、能源和信息等基础设施，提升城市的综合竞争力；鼓励传统产业进行技术改造，推动高附加值和高技术含量的产业发展，可以设立产业基金，支持新兴产业，如信息技术、生物医药和绿色制造等，以提高经济发展质量。通过以上措施，经济欠发达城市可以在实现经济快速发展的同时，逐步形成资源合理开发与生态保护相结合的发展模式，推动区域的可持续发展。

（责任编辑：王圣）

海南、山东两省经济与产业互动融合发展的思考

李　楠*

摘　要　2022年3月，中共中央和国务院发布《关于加快建设全国统一大市场的意见》，指出统一大市场是构建新发展格局的基础支撑，并将其提升到国家战略的高度。建设全国统一大市场，就是要破除地方保护主义和区域壁垒。海南和山东作为距离较远的两个沿海省份，若能够在资源共享和产业融合发展方面实现突破，将为全国统一大市场建设提供重要的经验借鉴。本文依据中国42个产业的投入产出表，梳理了两省细分产业的关联和融合情况，借助新新贸易理论工具，对产业内的出口二元边际进行了测算，并对两省产业融合的趋势和特征进行了实证分析。结果显示：两省合作热点较为集中，贸易额增长较为缓慢，但产业市场拓展较快，具有良好的发展前景。

关键词　海南　山东　产业融合　二元边际

全国统一市场是指能把国内各地区的经济在社会分工和商品经济高度发展的基础上融合成一个相互依存的有机统一的市场，也就是实现全国社会化大生产的再生产所需要的国内市场。构建统一大市场，需要打破地区分割和市场封锁，通过建立公平的市场制度规则，形成商品和资源流通的内在逻辑；以严格的产权保护制度，降低资源流动的成本；利用便利的物流基础设施，实现商品和资源的

* 李楠，硕士，山东社会科学院法学所助理研究员，主要研究方向为区域创新政策。

大范围流动。

根据新新贸易理论，企业的零利润生产率决定了其产品在空间上的贸易边界，零利润生产率较高的企业将具有更大的外部市场空间，这为产业间的跨区域协作奠定了理论基础。从区域经济的角度分析，产业的核心竞争力是实现跨区域协作的基础，整合产业链节点在资源、市场、技术等方面的比较优势，能降低空间上的资源流动成本，并产生超额利润。[①] 产业的跨区域协作一方面提升了产业链的韧性和价值增值能力，另一方面拓展了产业链的外部边界，使其能更好地利用超大规模市场带来的规模效应，为全国统一大市场的构建奠定了基础。

一 海南、山东两省的经济与产业协同环境

在政策制度方面，海南和山东两省在政策制度环境上各有优势，为经济与产业互动融合提供了良好的外部条件。海南自贸港的政策制度体系为国内外企业提供了更加便利的投资和贸易环境；而山东的“两区一圈一带”战略促进了区域一体化发展，增强了区域经济长期可持续发展的后劲。

在产业联系方面，海南和山东两省形成了优势互补、合作共赢的局面。海南的特色现代化产业体系与山东的海洋产业、医疗康养等领域形成了良好的互动和互补；同时，两省之间的企业跨省布局也进一步加强了两省之间的产业联系和互动。

在国内贸易方面，海南和山东两省之间的贸易往来日益密切。海南自贸港的建设和山东“两区一圈一带”战略的实施为两省之间的贸易往来提供了更加便利的条件。

在物流通道方面，海南和山东两省之间的物流往来日益便捷。海南的地理位置优势和自贸港建设提升了海南在物流通道上的地位和作用；

① 王圣：《粤港澳大湾区港口供应链优化研究》，《海洋开发与管理》2022 年第 2 期。

而山东的物流通道建设则加强了其与中国西部和东南亚等地区的物流联系。这些物流通道的建设为两省之间的物流往来提供了有利条件。

二 海南、山东两省的产业特征

海南和山东在地理区位、资源禀赋以及文化历史方面均存在较大的差异，这意味着两省的经济发展将在完全不同的初始条件下进行。在国家层面，海南和山东具有各自的发展目标和定位，两省也以此为基础衍生出不同的产业发展路径，形成了具有鲜明特征的产业结构。

表 1 汇报了 2016~2020 年海南省重点产业的发展情况，从三次产业划分的角度分析，海南省产业结构属于典型的“三二一”模式，15 个重点产业中有 11 个属于第三产业，产值占比达 70.6%；第二产业以轻工业为主，绿色低碳的特征较为鲜明；第一产业中仅有热带特色高效农业为重点产业，但增加值在所有重点产业中占比最高，达 18.88%。可以看出，海南省产业结构具有明显的服务密集、绿色低碳的特征，这与其特有的地理环境和自然资源有直接的联系。2021 年 10 月，海南省发展和改革委员会出台《海南省“十四五”时期产业结构调整指导意见》，要求围绕“3+1”重点产业，构建现代化产业体系。未来，旅游业、高新技术产业、现代服务业、热带特色高效农业的主导地位将进一步提升。

表 1 2016~2020 年海南省重点产业增加值

单位：亿元，%

产业	2016 年	2017 年	2018 年	2019 年	2020 年	五年平均增加值	2020 年增加值在重点产业中的占比
热带特色高效农业	703.83	725.19	709.15	785.00	842.89	753.212	18.88
房地产业	359.95	444.90	481.79	497.86	526.02	462.104	11.78

续表

产业	2016 年	2017 年	2018 年	2019 年	2020 年	五年平均增加值	2020 年增加值在重点产业中的占比
文化体育产业	311.93	347.44	423.29	462.75	521.14	413.310	11.67
旅游业	309.75	347.74	392.82	448.92	402.31	380.308	9.01
现代金融服务业	296.90	328.94	380.10	392.23	397.91	359.216	8.91
教育产业	188.92	211.53	245.22	274.45	298.86	243.796	6.69
互联网产业	142.79	179.55	202.80	238.60	309.74	214.696	6.94
油气产业	137.50	151.00	212.48	220.06	210.47	186.302	4.71
现代物流业	140.95	151.28	171.88	198.57	200.75	172.686	4.50
低碳制造业	142.20	156.00	185.40	164.90	184.39	166.578	4.13
文化产业	114.74	123.33	161.10	169.20	205.48	154.770	4.60
医疗健康产业	101.61	121.10	148.18	169.22	194.88	146.998	4.37
会展业	67.90	80.23	90.57	101.05	78.71	83.692	1.76
医药产业	52.10	64.00	74.22	78.40	73.78	68.500	1.65
体育产业	8.270	12.58	16.97	19.10	16.80	14.744	0.38

资料来源：2017~2021 年《海南统计年鉴》。

表 2 汇报了 2015~2020 年山东省地区生产总值的构成情况，可以看出，山东省的三次产业结构从 2015 年开始，从“二三一”模式转变为“三二一”模式，且工业在产业体系中始终占据主导地位。

表 2　2015~2020 年山东省地区生产总值构成

单位：亿元

产业	2015 年	2016 年	2017 年	2019 年	2020 年
地区生产总值	63002.3	67008.2	72678.2	70540.5	73129.0
第一产业	4979.1	4929.1	4876.7	5117.0	5363.8
第二产业	29485.9	30410.0	32925.1	28171.8	28612.2
第三产业	28537.4	31669.0	34876.3	37251.7	39153.1
农林牧渔业	5182.9	5171.1	5114.7	5477.1	5749.5

续表

产业	2015年	2016年	2017年	2019年	2020年
工业	25910.8	26653.3	28705.7	22755.1	23111.0
建筑业	3664.9	3806.3	4277.0	5632.8	5616.6
批发和零售业	8416.1	9045.0	9283.7	9564.8	9751.2
交通运输、仓储和邮政业	2503.7	272431.0	3268.0	3636.1	3553.2
住宿和餐饮业	1301.4	1440.2	1665.4	1173.7	1102.5
信息传输、软件和信息技术服务业	1062.0	1088.2	1153.8	1530.0	1757.8
金融业	2994.7	3364.4	3661.7	4177.4	4667.4
房地产业	2592.7	2773.3	3091.4	4073.7	4298.0
租赁和商务服务业	1478.4	1977.0	2343.0	1942.1	1978.7
科学研究和技术服务业	974.9	1000.4	1149.0	1301.8	1476.1
水利、环境和公共设施管理业	413.9	420.6	443.9	369.3	442.5
居民服务、修理和其他服务业	965.8	1117.1	1212.6	1251.1	1321.5
教育	1734.1	2178.1	2467.5	2463.0	2742.1
卫生和社会工作	1014.2	1105.6	1239.7	1416.1	1543.2
文化、体育和娱乐业	315.0	357.5	450.8	472.1	458.4
公共管理、社会保障和社会组织	2477.1	2785.9	3116.5	3404.5	3659.6

资料来源：2016~2021年《山东统计年鉴》，2018年数据缺失。

目前，山东拥有全部41个工业大类，207个中类中的197个，666个小类中的526个，在重工业方面拥有雄厚的基础。2022年9月，国务院印发《关于支持山东深化新旧动能转换推动绿色低碳高质量发展的意见》，提出“深化新旧动能转换、推动绿色低碳转型发展、促进工业化数字化深度融合、深入实施黄河流域生态保护和高质量发展战略”四个方面的发展导向。未来，山东省重工业将进一步向数字化、智能化方向发展。

总的来看，海南的主导产业包括热带特色高效农业、房地产业、文化体育产业、旅游业、现代金融服务业，占全省重点产业生产总值的比例超过60%。山东则依托其临海优势，大力发展海洋经济，同时注重内陆地区的经济发展，通过“两区一圈一带”战略，促进区域协调发展。

三　海南、山东两省的产业贸易概况

海南、山东分别是南方和北方重要的沿海城市，两省公路运输距离为 2457.6 公里，平均物流时间为 4~5 天，物流费用为 100~150 元/吨。海运距离为 1173 海里，正常运输时间为 5~6 天，费用为 2000~2500 元/TEU，较高的物流运输成本是两省产业贸易往来的主要障碍。

表 3 汇报了海南与山东主要合作产业细分贸易情况，第一列显示了在 42 个产业中在总贸易额（海南与山东之间）中占比超过 4.5%的海南产业，第二列显示了与其贸易额占比排前三位的山东产业。可以看出，海南与山东的主要贸易产业为建筑业，住宿和餐饮业，化学产品业，交通运输、仓储和邮政业，批发和零售业，石油、炼焦和核燃料加工业，农林牧渔业，与其贸易往来较为密切的山东产业为石油、炼焦和核燃料加工业，化学产品业，租赁和商务服务业，金融业，食品和烟草业。

表 3　海南—山东细分行业贸易往来

单位：万元，%

山东 海南	主要合作产业	行业贸易额	行业贸易额占比
建筑业 行业贸易额 506261.3 行业贸易额占比 35.93	石油、炼焦和核燃料加工业	6074.12	7.35
	化学产品业	8201.49	9.92
	电力、热力的生产和供应业	9097.48	11.00
住宿和餐饮业 行业贸易额 148002.2 行业贸易额占比 10.5	租赁和商务服务业	39816.03	26.90
	金融业	24532.64	16.58
	食品和烟草业	18251.96	12.33
化学产品业 行业贸易额 104101.3 行业贸易额占比 7.39	化学产品业	54368.51	52.23
	石油、炼焦和核燃料加工业	8654.11	8.31
	石油和天然气开采业	5320.06	5.11

续表

山东 / 海南	主要合作产业	行业贸易额	行业贸易额占比
交通运输、仓储和邮政业 行业贸易额 91974.6 行业贸易额占比 6.53	租赁和商务服务业	31800.39	34.58
	石油、炼焦和核燃料加工业	28235.12	30.70
	交通运输、仓储和邮政业	18146.13	19.73
批发和零售业 行业贸易额 82672.0 行业贸易额占比 5.87	电力、热力的生产和供应业	9097.48	11.00
	化学产品业	8201.49	9.92
	石油、炼焦和核燃料加工业	6074.12	7.35
石油、炼焦和核燃料加工业 行业贸易额 75380.3 行业贸易额占比 5.35	石油、炼焦和核燃料加工业	64541.72	85.62
	化学产品业	5072.81	6.73
	石油和天然气开采业	3358.30	4.46
农林牧渔业 行业贸易额 66937.9 行业贸易额占比 4.75	食品和烟草业	33710.02	50.36
	化学产品业	17494.31	26.14
	交通运输、仓储和邮政业	3156.52	4.72

表 4 与表 3 的结构一致，第一列显示了在 42 个产业中在总贸易额（山东与海南之间）中占比超过 5%的山东产业，第二列显示了与其贸易额占比排前三位的海南产业。可以看出，山东与海南的主要贸易产业为非金属矿物制品业，租赁和商务服务业，石油、炼焦和核燃料加工业，化学产品业，金属冶炼和压延加工业，食品和烟草业，与其贸易往来较为密切的海南产业为建筑业，交通运输、仓储和邮政业，农林牧渔业和房地产业。

表 4　山东—海南细分行业贸易往来

单位：万元，%

海南 / 山东	主要合作产业	行业贸易额	行业贸易额占比
非金属矿物制品业 行业贸易额 350932.2 行业贸易额占比 24.9	建筑业	321051.58	91.49
	非金属矿物制品业	18505.01	5.27
	住宿和餐饮业	3481.01	0.99

续表

山东 \ 海南	主要合作产业	行业贸易额	行业贸易额占比
租赁和商务服务业 行业贸易额 248183.2 行业贸易额占比 17.6	房地产业	43190.89	17.40
	交通运输、仓储和邮政业	31800.39	12.81
	建筑业	57598.39	23.21
石油、炼焦和核燃料加工业 行业贸易额 119535.7 行业贸易额占比 8.5	石油、炼焦和核燃料加工业	64541.72	53.99
	交通运输、仓储和邮政业	28235.12	23.62
	化学产品业	8654.11	7.24
化学产品业 行业贸易额 111214.7 行业贸易额占比 7.9	农林牧渔业	17494.31	15.73
	建筑业	9467.49	8.51
	石油、炼焦和核燃料加工业	54368.51	48.89
金属冶炼和压延加工业 行业贸易额 111252.4 行业贸易额占比 7.9	建筑业	94415.95	84.87
	批发和零售业	5987.53	5.38
	电气机械和器材业	3665.82	3.30
食品和烟草业 行业贸易额 102714.6 行业贸易额占比 7.3	农林牧渔业	33710.02	32.82
	食品和烟草业	38748.38	37.72
	住宿和餐饮业	18251.96	17.77

分析海南与山东产业贸易情况可以看出，两省之间的产业贸易热点不同，山东主要集中在第二产业，海南主要为第二、第三产业，两省之间的产业联系主要围绕房地产、建筑和石油化工产业链展开。由于两省之间运输距离较远，因此贸易行为的产生说明两省相关产业具有较强的竞争优势或者资源互补性，并且两者供需结合的经济收益足以弥补较高的物流运输成本。

四　海南、山东两省的产业出口二元边际测算

在新新贸易理论中，一个国家的出口贸易增长可分别划分为集约边际（intensive margin）和扩展边际（extensive margin）。从产品角度来

看，集约边际指现有出口产品数量上的变化，表现为固定产品种类的数量增长，若基于地理视角，集约边际主要反映旧产品出口到旧市场的情况；扩展边际指出口产品种类上的变化，表现为新的产品种类的增加，基于地理视角的扩展边际反映了旧产品出口到新市场、新产品出口到旧市场和新产品出口到新市场这三种情况。[①]

根据 Hummels 和 Klenow[②] 提出的分解框架，集约边际和扩展边际分别表示为：

$$IM_{cd} = \frac{\sum_{i \in I_{cd}} P_{cdi} X_{cdi}}{\sum_{i \in I_{cd}} P_{gdi} X_{gdi}} \tag{1}$$

$$EM_{cd} = \frac{\sum_{i \in I_{cd}} P_{gdi} X_{gdi}}{\sum_{i \in I_{gd}} P_{gdi} X_{gdi}} \tag{2}$$

其中，IM 是集约边际，c 是对象省份，d 是进口省份，g 是参考省份；I_{cd} 表示 c 省份向 d 省份出口商品的集合；I_{gd} 表示 g 省份向 d 省份出口商品的集合，本文假设参考省份 g 为除 c 以外的其他省份，所以，I_{gd} 表示其他省份向 d 省份出口商品的集合；P_{cdi} 和 X_{cdi} 分别表示 c 省份出口到 d 省份的商品 i 的价格和出口量；EM 是扩展边际，EM_{cd} 表示对象省份 c 出口到 d 省份的商品的扩展边际。[③]

表 5 汇报了海南、山东两省 42 个产业的二元边际，可以看出海南集约边际普遍较低，说明产业贸易额的增长较为缓慢，增长相对较快的产业主要集中在交通运输、仓储和邮政业，非金属矿和其他矿采选业，金属冶炼和压延加工业等传统产业。在扩展边际方面，石油、炼焦和核

---

① 涂远芬：《贸易便利化对中国企业出口二元边际的影响》，《商业研究》2020 年第 3 期。

② D. Hummels and P. Klenow, "The Vanety and Quality of a Nation's Exports," *American Economic Review* 2 (2005): 704-723.

③ 彭羽、郑枫：《"一带一路" 沿线 FTA 与出口二元边际：基于网络分析视角》，《世界经济研究》2022 年第 4 期。

燃料加工业，化学产品业，纺织、服装、鞋帽、皮革、羽绒及其制品业，食品和烟草业相对较高，说明上述产业在新市场拓展上具有优势。山东在集约边际上具有优势的产业为石油、炼焦和核燃料加工业，造纸印刷和文教体育用品业，燃气生产和供应业；在扩展边际上具有优势的产业为金属冶炼和压延加工业，通信设备、计算机和其他电子设备业，金属矿采选业。

表 5　海南、山东两省 42 个产业二元边际

产业	海南		山东	
	集约边际	扩展边际	集约边际	扩展边际
农林牧渔业	0.0034	0.8493	0.0206	0.7537
煤炭采选产品业	0.0030	0.5709	0.0222	0.9686
石油和天然气开采业	0.0015	0.7046	0.0312	0.8227
金属矿采选业	0.0053	0.5437	0.0391	0.9789
非金属矿和其他矿采选业	0.0066	0.7082	0.0350	0.9433
食品和烟草业	0.0037	0.9271	0.0248	0.7547
纺织业	0.0031	0.8766	0.0533	0.9567
纺织、服装、鞋帽、皮革、羽绒及其制品业	0.0016	0.9295	0.0496	0.9408
木材加工品和家具业	0.0048	0.3631	0.0381	0.9609
造纸印刷和文教体育用品业	0.0057	0.8361	0.0616	0.9522
石油、炼焦和核燃料加工业	0.0032	0.9575	0.1804	0.9607
化学产品业	0.0045	0.9428	0.0253	0.8925
非金属矿物制品业	0.0039	0.7494	0.0285	0.9567
金属冶炼和压延加工业	0.0065	0.2429	0.0444	0.9839
金属制品业	0.0057	0.3561	0.0351	0.9594
通用设备业	0.0058	0.4548	0.0268	0.9544
专用设备业	0.0059	0.4942	0.0196	0.9508
交通运输设备业	0.0054	0.3972	0.0128	0.9733
电气机械和器材业	0.0059	0.4126	0.0102	0.9733
通信设备、计算机和其他电子设备业	0.0055	0.3925	0.0063	0.9835

续表

产业	海南		山东	
	集约边际	扩展边际	集约边际	扩展边际
仪器仪表业	0.0057	0.4175	0.0088	0.9387
其他制造产品业	0.0052	0.9072	0.0573	0.9718
金属制品、机械和设备修理服务业	0.0058	0.3799	0.0122	0.9272
电力、热力的生产和供应业	0.0009	0.9141	0.0411	0.9195
燃气生产和供应业	0.0044	0.2089	0.0581	0.2276
水的生产和供应业	0.0017	0.7115	0.0189	0.8820
建筑业	0.0037	0.5043	0.0246	0.7730
批发和零售业	0.0033	0.8147	0.0160	0.8768
交通运输、仓储和邮政业	0.0086	0.8489	0.0366	0.8791
住宿和餐饮业	0.0028	0.7652	0.0208	0.7493
信息传输、软件和信息技术服务业	0.0017	0.7953	0.0138	0.9434
金融业	0.0011	0.8120	0.0145	0.8035
房地产业	0.0014	0.5977	0.0272	0.6023
租赁和商务服务业	0.0013	0.8987	0.0299	0.9115
科学研究	0.0055	0.3817	0.0235	0.5452
技术服务	0.0045	0.4031	0.0239	0.5613
水利、环境和公共设施管理业	0.0021	0.6174	0.0230	0.6290
居民服务、修理和其他服务业	0.0033	0.4230	0.0216	0.6786
教育	0.0032	0.3503	0.0195	0.7075
卫生和社会工作	0.0051	0.9176	0.0166	0.9261
文化、体育和娱乐业	0.0049	0.6600	0.0418	0.5867
公共管理、社会保障和社会组织	0.0052	0.6024	0.0159	0.4697
两省贸易均值	0.0041	0.6343	0.0317	0.8364

结　论

海南、山东两省的产业结构具有较为鲜明的地区特征，因此科学选择合作产业尤为重要。从两省产业贸易的总体情况看，合作热点较为集中，产业市场拓展较快，但贸易额增长较为缓慢，说明尚未形成完善的产业链融合体系。针对两省现有的产业基础和资源禀赋优势，应立足未来发展视角，针对战略性行业和支柱产业进行投资引导，并予以适当的配套产业政策支持，系统布局两省的优势产业、特色产业融合发展集聚区。此外，充分发挥海南对东盟国家的贸易优势，以及山东 RCEP 先行区的政策优势，促进两地资源流动，协同带动、提升产业集群的核心竞争力。在政策调整方面，两省应加强政策协同与执行，共同研究制定一体化的政策措施。建立健全监督机制，确保政策得到有效执行。同时，应加大对行政垄断等问题的整治力度，为经济发展营造良好的政策环境。在产业优化方面，针对产业联系方面的问题，两省应加强产业错位与协同发展。确定各自在产业分工格局中的定位，引导区域产业合理布局。制定产业发展指导目录，明确产业发展重点与布局。[①] 同时，应加大对新兴产业的培育和支持力度，推动产业结构升级。在贸易拓展方面，针对国内贸易方面的问题，两省应加强贸易合作与拓展。建立常态化的贸易合作机制，加强市场信息共享和对接。同时，应加大对物流成本的控制和管理力度，提高物流效率和服务水平。此外，还应积极开拓国际市场，扩大两省产品的国际影响力。在物流创新方面，针对物流通道方面的问题，两省应加强物流通道建设与创新。加大对物流基础设施建设的投入力度，提高物流信息化水平。同时，应加大对物流企业的培育和支持力度，推动物流行业创新发展。此外，还应积极探索新的物流模式和技术应用方式，提高物流效率和服务水平。

（责任编辑：王圣）

① 赵梓辰：《贸易便利化对开放经济高质量发展的影响》，《市场周刊》2021 年第 2 期。

Abstracts and Keywords

A Study on the Spatio-Temporal Evolution and Influence Mechanism of Marine Economic Resilience in China's Marine Economic Zones

Zhang Hongyuan, Zhang Siqi, Zhu Guojun / 1

Abstract: This paper employs the entropy method, kernel density estimation, and geographical detector to investigate the spatio-temporal evolution characteristics and influence mechanisms of marine economic resilience in China's three major marine economic zones from 2010 to 2022. The results indicate that during this period, the resilience of the national marine economy exhibited a fluctuating upward trend. The marine economic resilience indices of the Southern Marine Economic Zone and the Eastern Marine Economic Zone were significantly higher than the national average, while that of the Northern Marine Economic Zone was lower. The resilience levels of coastal provinces (region, cities) within the three marine economic zones showed little variation, demonstrating an overall upward trend in resilience levels in terms of spatial pattern evolution. The dominant interacting factors influencing marine economic resilience varied across the different marine economic zones. In the Northern Marine Economic Zone, the dominant interacting factors were aquatic product output and the growth rate of marine-related employment. For the Eastern Marine Economic Zone, the key interacting factors were the growth rate of marine-related employment and the international container throughput of coastal ports. In the Southern Marine Economic Zone, the primary interacting factors were the advancement of the marine industrial structure and the number of marine research patents granted.

Keywords: Marine Economy; Economic Resilience; Spatio-Temporal Evolution; Economy Zone

Reference and Inspiration from Global Marine Development Strategies for the Construction of a Modern Marine Power—Taking the Construction of Modern Marine City in Qingdao as an Example

Meng Qingsheng, Liang Jun / 23

Abstract: Building a marine power is an important strategic task and inherent requirement of Chinese-style modernization, with the marine economy becoming a significant component of the national economy. To scientifically grasp the global trends in marine development, promote the high-quality development of Qingdao's marine economy, and foster a modern marine city with unique advantages and a leading position, thereby supporting the construction of a marine power in the new era, this paper, based on the differentiated understandings of the marine or blue economy worldwide, takes marine countries, international organizations, and cities as research subjects to summarize and analyze development directions, key areas, and major initiatives. Combining these insights with the construction of Qingdao as a modern marine city, strategic suggestions are proposed in terms of strategy, science and technology, industry, openness, ecology, and culture. This paper also provides references for the development of marine economies in coastal cities across China.

Keywords: Marine Power; Marine Economy; Marine City; Marine Industry

Research on the Mechanism and Mechanisms of Marine Low-altitude Economic Development in the Context of Big Data—Taking Qingdao City as an Example

Sun Mian, Qi Yuanxing / 51

Abstract: The current ocean low altitude economy, as an emerging economic form, is gradually becoming a new engine for promoting regional economic growth. Qingdao, with its unique marine resources and geographical advantages, is committed to developing the marine low altitude economy in order to achieve the transformation and upgrading of its economic structure and sustainable development. This article focuses on the mechanism and mechanism of the development of Qingdao's marine low altitude economy under the background of big data, aiming to explore how this emerging economic form can promote regional economic growth. This article uses the AHP method to identify key elements such as policy support, technological innovation, industry collaboration, and big data governance, and quantifies their impact on the development of the marine low altitude economy. Based on this, this article proposes development suggestions such as building a forward-looking policy system, strengthening technological innovation and talent cultivation, promoting industrial synergy and ecological construction, and strengthening big data governance and security guarantees.

Keywords: Marine Low-altitude Economy; Regional Economy; Big Data; Qingdao City

Research on the Evaluation and Countermeasures of Marine Industry Competitiveness

Meng Qingwu / 74

Abstract: The modern marine industry system serves as a robust pillar for the construction of a marine power. To deeply investigate the development and competitiveness of China's marine industries, this study selects 11 coastal provinces in China as reference samples and constructs an evaluation index system for marine industry competitiveness, comprising 4 first-level indicators and 11 second-level indicators, based on data from the China Marine Statistical Yearbook. The entropy weight TOPSIS method is employed to evaluate the marine industry competitiveness for the years 2018, 2019, and 2020. Countermeasures and suggestions are proposed in terms of rational resource allocation, enhancing innovation capabilities, optimizing the structure of the marine industry, and prioritizing marine environmental protection.

Keywords: Marine Industry; Competitiveness; Industrial System; Entropy Weight TOPSIS Method

Measurement and Evaluation Analysis of Green Development Level of Mariculture Industry in China

Ding Rui, Han Limin / 87

Abstract: Mariculture is one of the important marine pillar industries in our country. This article is based on the theoretical connotation of the green development of mariculture industry, 17 indicators were selected from four dimensions including economic development, resource utilization, technological progress and ecological environment to construct an evaluation index system, and the index of the green development of mariculture industry in China's coastal provinces (regions, cities) was calculated by using the combination of analytic hierarchy process and entropy method. On this basis, the temporal and spatial evolution characteristics of the green development level of mariculture industry in 11 coastal provinces (regions, cities) were deeply analyzed, and the coordinated development relationship between the four dimensions of country and three marine economic circles was studied by using the coupling coordination degree model. The results show that: ① The green development level of mariculture industry in China has an obvious increasing trend, with higher levels in Shandong Province, Hainan Province and Fujian Province, and the green development level of the northern marine economic circle is the highest. ②Among the green development level of mariculture industry in different regions, the difference of resource utilization level is the largest, the difference of economic development and ecological environment level is large, 'and the difference of technological progress is the smallest. ③ The internal coordination degree of the green development of the national mariculture industry has experienced a process of rising to falling. Among them, the coupling coordination degree between economic development and resource utilization, economic development and technological progress, resource utilization and technological progress is high, the overall coordination level of the northern marine economic circle is the highest, and the southern marine economic circle is the lowest.

Keywords: Mariculture Industry; Three Marine Economic Circles; Sustainable Development; Green Development

Assessment of Opportunities for External Cooperation in China's Shipbuilding Industry under the Background of the Belt and Road Initiative

Abstract: Whether in traditional European and American shipbuilding powerhouses or in emerging shipbuilding nations such as Japan and Republic of Korea, external cooperation has long served as a vital instrument for shipbuilding enterprises to expand into international markets and manage production costs. China's shipbuilding industry, boasting a vast scale and ranking as the world's largest shipbuilding nation, possesses world-leading technology and talent, thus meeting the prerequisites for external cooperation. The initiation of the Belt and Road Initiative has presented significant opportunities for the internationalization of China's shipbuilding industry. Despite the complementary advantages between China and Belt and Road Initiative participating countries in shipbuilding technology and labor costs, discrepancies in the shipbuilding industrial foundation and uncertainties in the investment environment introduce numerous risks to cooperation between shipbuilding enterprises from both sides. Against this backdrop, this paper, based on an analysis of the background of external cooperation in China's shipbuilding industry, briefly outlines the development status of the shipbuilding industries in Belt and Road Initiative participating countries. It analyzes the complementarity between China's shipbuilding industry and those of Belt and Road Initiative participating countries from five perspectives: geographical advantages, infrastructure, human resources, social stability, and the maturity of the shipbuilding industry. Additionally, it evaluates the opportunities for external cooperation of China's shipbuilding industry in the context of the Belt and Road Initiative.

Keywords: China's Shipbuilding Industry; External Cooperation; Belt and Road Initiative; Cooperation Opportunities

Research on the Development of Shellfish Industry in China

Abstract: With the rapid development of China's economy and the improvement of residents' consumption level, the shellfish industry, as an important part of the aquaculture industry, has attracted extensive attention. This study systematically analyzes the develop-

ment process, current status and key factors affecting the development of China's shellfish industry, and puts forward its own suggestions from four aspects: environmental protection, rational development, scientific and technological innovation and industrial upgrading, strengthening monitoring and awareness, and international cooperation and mutual benefit and win-win results according to the challenges faced by China's shellfish industry: over-exploitation of resources, environmental pollution, biotoxin risk, and international trade barriers, so as to help China's shellfish industry develop faster and better.

Keywords: China's Shellfish Industry; Over-Exploitation of Resources; Environmental Pollution; Risk of Biotoxins; Barriers to International Trade

A Study on the Evaluation of the Development of Sailing Sport from the Perspective of the Improvement of Urban Competitiveness—A Comparative Study of Qingdao, China and Kiel, Germany

Mao Zhenpeng / 153

Abstract: At present, the People's need for a better life is growing day by day, and the demand for new consumption industries such as marine sports and leisure, sailing sports experience is increasing day by day. In recent years, Qingdao, Sanya, Shenzhen, Zhuhai, Xiamen and other coastal cities have launched sailing, held sailing events, the development of the sailing industry. Among them, Qingdao has been developing the sailing sport and the sailing industry since the 2008 Olympic sailing competition in Beijing, and has been praised as "the world famous sailing capital" by General Secretary Xi Jinping. Kiel, Germany, is recognized as the "sailing capital". Taking Qingdao and Kiel of Germany as examples, this study uses quantitative and qualitative methods to evaluate and analyze the urban competitiveness of sailboat sport and sailboat industry development, and on this basis, puts forward four policy recommendations, it tries to provide theoretical reference and intellectual support for cities to promote sailing and the development of sailing industry.

Keywords: Sailing Sport; Qingdao; Kiel; Sailing Industry

Analysis of Coupled Socio-economic-resource-environmental Coordinated Development in Chinese Coastal Cities

Xu Sheng, Song Xiandi, Liu Yuhao / 170

Abstract: China's coastal cities are facing conflicts between resource utilization and environmental protection in the context of rapid economic development. This paper quantitatively analyzes the economy-resource-environment (ERE) three-system coupling coordination level of 53 coastal prefectural cities during the period of 2003-2020 based on the entropy method, three-system coupling coordination level model, and kernel density analysis. The results show that: during the sample period, the ERE coupling coordination level of the 53 coastal cities shows three stages of low, medium, and high coordination, and overall shows a shift to high coordination; the coordination degree between coastal cities varies significantly, with serious bifurcation, with ten cities such as Shenzhen, Dongguan, Zhuhai, Guangzhou, etc. having the highest level of coordination, while the rest have a lower level of coordination; the limiting factors for the coordination differentiation are mainly the economic subsystem, the influence of resource subsystem is at a medium level, and the influence of environmental subsystem is the least. Based on this, countermeasures are proposed in terms of coordinated urban development, making up for economic shortcomings, and formulating regional differentiation policies.

Keywords: Coupling Theory; Coordinated Development; Coastal Cities

Thoughts on the Interactive and Integrated Development of Economy and Industries in Hainan and Shandong Provinces

Li Nan / 190

Abstract: In March 2022, the Central Committee of the Communist Party of China and the State Council issued the "Opinions on Accelerating the Construction of a Unified National Market," highlighting that a unified national market serves as the foundational support for building a new development paradigm and elevating it to the level of a national strategy. The construction of a unified national market aims to dismantle local protectionism and regional barriers. Shandong and Hainan, as two distant coastal provinces, could provide crucial experiential references for the construction of a unified national market if they achieve breakthroughs in resource sharing and industrial integration. Based on the input-output tables of 42 industries, this paper analyzes the correlation and integration of subdivided industries in these two provinces. Utilizing the tools of new trade theory, it calculates the dual margins of exports within the industries and conducts an empirical analysis of the trends and characteristics of industrial integration in Shandong and Hainan. The results indicate that cooperation hotspots are relatively concentrated, trade volume growth is relatively slow, but the industrial market is expanding rapidly, indicating favorable development prospects.

Keywords: Hainan; Shandong; Industrial Integration; Dual Margins

《中国海洋经济》征稿启事

《中国海洋经济》是由山东社会科学院主办的学术集刊，主要刊载海洋人文社会科学领域中与海洋经济、海洋文化产业紧密相关的最新研究论文、文献综述、书评等，每年由社会科学文献出版社出版2期。

欢迎高校、科研机构的学者，政府部门、企事业单位的相关工作人员，以及对海洋经济感兴趣的人员赐稿。来稿要求：

1. 文章思想健康、主题明确、立论新颖、论述清晰、体例规范、富有创新。文章字数为1.0万~1.5万字。

2. 作者请分别提供“基金项目”（可空缺）和“作者简介”。“作者简介”按姓名、工作单位、行政职务和专业技术职称、主要研究方向顺序写作；多位作者合作完成的，请提供多位作者简介；并附英文题目、英文作者姓名、英文单位名称、英文摘要和关键词；请另附通信地址、联系电话、电子邮箱等。

3. 提倡严谨治学，保证论文主要观点和内容的独创性。对他人研究成果的引用务必标明出处，并附参考文献；图、表等注明数据来源，不能存在侵犯他人著作权等知识产权的行为。论文查重比例不得超过10%。

来稿本着文责自负的原则，由抄袭等原因引发的知识产权纠纷作者将负全责，编辑部保留追究作者责任的权利。作者请勿一稿多投。

4. 来稿应采用规范的学术语言，避免使用陈旧、文件式和口语化的表述。

5. 本集刊持有对稿件的删改权，不同意删改的请附声明。本集刊所发表的所有文章都将被中国知网等收录，如不同意，请在来稿时说明。因人力有限，恕不退稿。自收稿之日 2 个月内未收到用稿通知的，作者可自行处理。

6. 本集刊采用匿名审稿制。

7. 来稿请提供电子版。本集刊收稿邮箱：1603983001@ qq. com。本集刊地址：山东省青岛市市南区金湖路 8 号《中国海洋经济》编辑部。邮编：266071。电话：0532-85821565。

《中国海洋经济》编辑部

2021 年 4 月

附：稿件格式要求

1. 标题。20字以内，三号黑体居中。

2. 摘要与关键词。小四楷体两端对齐，来稿请提供论文的中英文篇名、摘要（300字左右）、关键词（3~5个）。摘要需能简明扼要、客观准确地体现论文的主要观点。关键词之间间隔1个字符。

3. 正文。小四宋体两端对齐，表示标题级别的序号形式从大到小依次为“一”“（一）”“1.”“（1）”，正文中引自参考文献的部分，以中括号标注于引用处右上角。

4. 数学公式、物理量的符号和单位：应符合国家标准GB 3100~3102—93《量和单位》要求：量符号、代表变动性数字的符号以及坐标轴的符号均用斜体表示；矢量、张量、矩阵用黑斜体表示；量符号的下标，若是变量用斜体表示，其他情况则用正体表示。量符号尽量用一个字母（特殊情况除外）表示，在文稿中首次出现时，必须给出量的名称及单位。

5. 科技术语和名词：应使用全国科学技术名词审定委员会公布的名词。如系作者自译的新名词，在文稿中第一次出现时请给出外文原词。计量单位一律采用中华人民共和国法定计量单位，并以国际符号用正体表示。

6. 图：应有自明性，必要时应有图注解释图中各符号含义、注明实验参数。图题信息要完整。图中若有中国地图，国界必须与中国地图出版社出版的地图一致，中国全图上切勿漏绘台湾和南海诸岛。图片标题需中英文对照。

7. 表：要求采用三线表，表中尽量不使用竖线和斜线，必要时可适当增加线段。表题信息要完整。表自明性要强，必要时使用注解。表内各栏目中参量符号之后注明单位，其形式是“参量/单位”。表格标题需中英文对照。

8. 注释体例要求：

（1）本刊注释和参考文献一律采用脚注形式。注释序号用①，②，③……标识，同一文献被反复引用者，可将序号集中并列为一行。

（2）正文中的注释序号统一置于包含引文的句子或段落标点符号之后右上标。脚注为宋体小五号字（字母、数字字体为 Times New Roman），单倍行间距。

（3）参考文献格式（注意各项顺序和标点符号）详细体例请阅社会科学文献出版社《作者手册》2020 年版，电子文本请在 https://www.ssap.com.cn“学术规范”栏目下载。

①专著

作者或主编者：《文献名》，出版者，出版年，起止页码。

②译著

［原著者所在国名］原著者：《文献名》，译者名，出版者，出版年，起止页码。

③期刊文章

作者：《文献题名》，《期刊名》××年××期。

④报纸文章

作者：《文献题名》，《报纸名》出版日期，版次。

⑤专著或论文集析出文献

析出文献作者名：《析出文献题名》，专著或论文集主要责任者（主编或主要编辑者）：《专著或论文集题名》，出版者，出版年，析出文献起止页码。

⑥电子文献包括以数码方式记录的所有文献（含以胶片、磁带等介质记录的电影、录影、录音等音像文献），其标注项目与顺序是：责任者：《电子文献题名》，更新或修改日期，获取和访问路径。

（4）正文中引用先秦诸子的著作或少量引用传统经典古籍中的语句，可适当使用夹注。一般只标书名和篇名，用中圆点连接，用圆括号括注，紧随引文之后。

（5）外文参考文献一律用原出版语种。引证英文文献的标注项目和顺序与中文相同。责任者与题名间用英文逗号，著作题名为斜体，析出文献题名为正体加英文引号，出版日期为全数字标注，责任方式、卷册、页码等用英文缩略方式。

图书在版编目(CIP)数据

中国海洋经济. 第17辑 / 崔凤祥主编. --北京：社会科学文献出版社，2025. 7. -- ISBN 978-7-5228-5401-4

Ⅰ. P74

中国国家版本馆CIP数据核字第2025Z8557Y号

中国海洋经济（第17辑）

主　　编 / 崔凤祥
副 主 编 / 刘　康　王　圣

出 版 人 / 冀祥德
责任编辑 / 韩莹莹
文稿编辑 / 陈丽丽
责任印制 / 岳　阳

出　　版 / 社会科学文献出版社
地址：北京市北三环中路甲29号院华龙大厦　邮编：100029
网址：www.ssap.com.cn
发　　行 / 社会科学文献出版社（010）59367028
印　　装 / 三河市龙林印务有限公司

规　　格 / 开　本：787mm×1092mm　1/16
印　张：13.75　字　数：190千字
版　　次 / 2025年7月第1版　2025年7月第1次印刷
书　　号 / ISBN 978-7-5228-5401-4
定　　价 / 148.00元

读者服务电话：4008918866

版权所有 翻印必究